渝味川菜 标准化教程

主　编◎董　兵

副主编◎唐　波　柏　丹

参　编◎张国富　王慧华　陈建军　李　鉴
　　　　刘川华　吴远模　刘功雨

主　审◎黄　轶

西南大学出版社
国家一级出版社　全国百佳图书出版单位

图书在版编目（CIP）数据

渝味川菜标准化教程 / 董兵主编. -- 重庆 ： 西南
大学出版社，2024.5
　　ISBN 978-7-5697-2088-4

　　Ⅰ．①渝… Ⅱ．①董… Ⅲ．①川菜－烹饪－中等专业
学校－教材 Ⅳ．①TS972.117

　　中国国家版本馆CIP数据核字(2024)第004751号

渝味川菜标准化教程
YUWEI CHUANCAI BIAOZHUNHUA JIAOCHENG

主　编：董　兵
副主编：唐　波　柏　丹

责任编辑：罗　渝
责任校对：钟小族
装帧设计：闰江文化
排　　版：杜霖森
出版发行：西南大学出版社（原西南师范大学出版社）
　　　　　地　　址：重庆市北碚区天生路2号
　　　　　邮　　编：400715
　　　　　市场营销部电话：023-68868624
印　　刷：重庆市国丰印务有限责任公司
成品尺寸：185 mm × 260 mm
印　　张：10.25
字　　数：206千字
版　　次：2024年5月第1版
印　　次：2024年5月第1次印刷
书　　号：ISBN 978-7-5697-2088-4
定　　价：59.00元

前言

        教材改革是三教改革重要内容之一，在烹饪现代化教育高速发展的时代背景下，本书以中式川菜传统烹调为基础，融合新派川菜发展理念，结合现代餐饮市场发展需求及烹饪教育发展方向，引进最新烹饪技术、现代化烹饪设备以及新型厨房管理理念，全方位展现渝味川菜烹饪技法教学。

        本书的编写根据传统川菜制作标准和要求，结合重庆地方餐饮实际，参照餐饮行业的职业技能鉴定规范和餐饮运营与管理1+X职业技能等级证书考核标准编写。在编写中基于烹饪专业岗位工作任务和内容为课程核心，采用模块化、任务式模式编写，培养学生菜肴制作的综合能力，融合烹饪基本功知识、原料知识、烹饪工艺知识等内容，以理实一体化的教学方式开展课程任务教学，同时结合地方餐饮企业菜肴制作标准制订教学任务，形成产教融合标准化教材。

        本书内容根据中餐教学课程任务和课程实践要求分为四大模块，涵盖家禽类菜肴制作、家畜类菜肴制作、海河鲜类菜肴制作、其他类菜肴制作。在编写过程中以标准化的方式注重职业综合素养的培育，弘扬劳动精神、奉献精神、创新精神、合作精神、工匠精神；在实践中注重综合能力训练，以理论指导实践，实现"教、学、做、思"闭环教学，同时把企业的现代化管理融入教学过程中，强调培养学生规范操作、安全操作、清洁卫生等职业素养。把川菜博大精深的餐饮文化渗透进理论与实践教学过程中，提升学生的文化内涵，增强文化自信，促进其全面发展。

需要说明的是，书中图片展示的食材并非所有原料，也非实际用量，在制作过程中原料及用量以文字叙述为准。烹调加工成菜的步骤只介绍主要步骤，一些普通处理有所省略。为了方便学生更加直观地学习，每个任务我们精心制作了视频，可通过扫描任务旁的二维码观看。但视频内容并非任务图文内容的完全重现，两者独立又相互联系，让学生从多种感觉学习做菜。

由于编者水平有限，加之市场上的菜品工艺各不相同，书中难免有疏漏或争议之处，敬请读者们批评指正，以便进一步修订完善。

目录

模块三
海河鲜类菜肴

模块四
其他类菜肴

参考文献　　　　　　　　　　　　　　　　　　　　　　　/157

模块一 家畜类菜肴

渝味川菜

任务一
生爆盐煎肉

一 菜肴简介

生爆盐煎肉是一道传统名菜。其成菜特点干香滋润、咸鲜味美、豉香浓郁、地方风味突出。在材料、成菜效果和味道上都与回锅肉相似，其最大的区别在于生爆且去皮（不经过煮熟直接炒），生爆盐煎肉是常见的家常小炒。

二 课程任务

✕（一）任务目标

1. 能正确运用直刀法和生炒烹调工艺。

2. 掌握生爆盐煎肉的制作流程并独立完成制作。

3. 能安全有序、干净整洁地制作菜肴。

✕（二）任务重点

1. 掌握原料直刀法处理工艺。

2. 掌握生炒烹调工艺。

3. 掌握菜肴成菜火候的控制。

4. 掌握生爆盐煎肉的成菜特点。

✕（三）任务难点

1. 生炒烹调工艺。

2. 成菜火候的把控。

三 任务实施

✕ （一）原料构成与准备（图 1-1-1）

🥩 **主料**：三线肉 300g

🥦 **辅料**：青椒 100g，洋葱 80g，蒜苗 50g。

🧂 **调料**：姜 15g，蒜 15g，豆豉 10g，酱油 2g，味精 2g，白糖 2g，豆瓣、料酒、色拉油适量。

图 1-1-1

✕ （二）烹调加工成菜步骤

①原料处理加工阶段

（1）蒜苗去根和老叶洗净切马耳形，青椒洗净去籽切菱形块，洋葱切块，姜、蒜去皮切指甲片形。

（2）三线肉洗净去皮切薄片。

（3）豆瓣、豆豉剁细待用。

2 菜肴烹调过程

（1）炙锅下油，倒去多余油，爆炒三线肉至吐油，烹入少许料酒去腥除异增香。

（2）加入姜、蒜片和豆豉炒香，然后加入青椒炒断生，倒入蒜苗，调味翻炒均匀出锅，装盘成菜。（图1-1-2）

3 成菜特点

肉片厚薄均匀、色泽红亮、干香滋润、咸鲜味美。

图1-1-2

四 成菜技术要点

1. 三线肉去皮，带皮煸炒影响口感。

2. 豆豉为咸味调味品，注意控制盐的用量，防止菜肴过咸。

3. 煸炒时火候不能太大，不然容易造成外糊里生。

4. 蒜苗最后放入炒断生即可出锅，忌长时间翻炒。

五 知识拓展

生炒工艺

生炒又称煸炒、生煸，生炒的菜肴是将加工整理、质地软嫩、不易碎断的小型原料不上浆、不滑油，直接下锅加热调味，菜肴起锅不勾芡；在有少量底油的锅中炝锅，直接下料，旺火短时间翻拌至断生，放调味料入味成菜。其操作特点：旺火操作、快速成菜。

任务二

蒜苗回锅肉 渝川)))))

菜肴简介

蒜苗回锅肉起源于四川,所谓回锅就是二次烹调,是川渝地区的一道传统家常名菜。此菜鲜香软糯、美味可口、色泽红亮,有"川菜第一菜"的美称。

课程任务

（一）任务目标

1. 能正确运用直刀法和熟炒烹调工艺。
2. 掌握蒜苗回锅肉的制作流程并独立完成制作。
3. 能安全有序、干净整洁地制作菜肴。

（二）任务重点

1. 掌握原料直刀法处理工艺。
2. 掌握熟炒烹调工艺。
3. 掌握菜肴成菜火候的控制。
4. 掌握蒜苗回锅肉的成菜特点。

（三）任务难点

1. 熟炒烹调工艺。
2. 灯盏窝的形成。

三 任务实施

✂（一）原料构成与准备（图1-2-1）

🥩 主料：后腿二刀肉300g。

🥦 辅料：青椒50g，青蒜苗100g。

🧂 调料：姜15g，蒜15g，郫县豆瓣20g，甜面酱5g，生辣椒面3g，黄豆酱油2g，料酒5g，白糖2g，味精2g，色拉油适量。

图 1-2-1

✂（二）烹调加工成菜步骤

① 原料处理加工阶段（图1-2-2）

（1）二刀肉火燎皮至焦黑浸泡刮洗干净，放入锅中煮至熟透无血水捞出凉置后切成宽3cm、长5cm、厚0.2—0.3cm的片。

（2）青椒去籽洗净切菱形块，青蒜苗去根去老叶洗净切马耳形。

（3）姜、蒜去皮洗净切指甲片形。

图 1-2-2

② 菜肴烹调过程

（1）炙锅下少许油加肉片爆炒至水干吐油，放入适量料酒，待肉片呈灯盏窝状。

（2）加入姜、蒜片炒香出味，再加郫县豆瓣、生辣椒面炒香。

（3）加入青椒炒断生后与肉片翻炒均匀，加入黄豆酱油、甜面酱、味精、白糖调味，同时加入蒜苗翻炒均匀，起锅装盘成菜。（图1-2-3）

图 1-2-3

3 成菜特点

咸鲜微辣。

四 成菜技术要点

1. 煮肉需煮至无血水渗出，自然凉透后方可切片。

2. 肉片爆出多余油脂，成灯盏窝状，提升菜品质感。

3. 豆瓣酱和生辣椒面小火慢炒出色，增加菜肴色彩。

五 知识拓展

熟炒工艺

　　熟炒就是将前期热处理成全熟或半熟的烹饪原料做为主料，经过刀工处理成为丁、片、条、块等刀口状态，用旺火或中火进行炒制的烹调方法。熟炒的烹调特点是不挂糊、不上浆、不码味、不兑汁。成菜特点是质地熟软、口味醇厚。

任务三

川味小炒肉

菜肴简介

　　川味小炒肉起源于四川地区，是四川家常风味小炒菜的代表之一。制作原料主要有三线肉、青椒、青红小米椒、姜、蒜等，此菜咸鲜微辣、鲜香适口，在西南地区较为普及，深受西南地区人民的喜爱。

课程任务

✕（一）任务目标

1. 熟悉川味小炒肉的制作步骤。

2. 掌握川味小炒肉的制作要领。

3. 掌握川味小炒肉的成菜特点。

✕（二）任务重点

1. 肉片厚薄均匀。

2. 火候控制精准到位。

3. 调味把控恰当适宜。

✕（三）任务难点

火候的掌控。

三 任务实施

（一）原料构成与准备（图1-3-1）

🥩 主料：三线肉200g。

🥦 辅料：青椒50g，青小米椒5g，红小米椒5g。

🧂 调料：姜5g，蒜5g，老干妈豆豉10g，酱油5g，味精2g，料酒5g，白糖2g，胡椒粉1g，盐、色拉油适量。

图1-3-1

（二）烹调加工成菜步骤

1 原料处理加工阶段（图1-3-2）

（1）青椒切段对破，青、红小米椒对半切开，姜、蒜去皮洗净切片。

（2）三线肉洗净去皮改刀成宽3cm、长5cm、厚0.2—0.3cm的片。

图1-3-2

2 菜肴烹调过程

（1）锅烧热加入辅料（所有辣椒）煸炒至断生，待颜色翠绿鲜红，加入少量盐调味起锅备用。

（2）锅洗净，烧热下少许油，放入肉片煸炒至水干出油，加入料酒去腥除异增香，加入姜、蒜片炒出香味，翻炒均匀，倒入炒好的辣椒、老干妈豆豉、酱油、味精、白糖和胡椒粉调味翻炒均匀出锅装盘即可。（图1-3-3）

图1-3-3

3 成菜特点

肉片厚薄均匀、咸鲜微辣、鲜香适口。

四 成菜技术要点

1. 辣椒煸炒的生熟度控制恰当。
2. 三线肉去皮，不然影响菜肴质感。
3. 煸炒的火候控制恰当。

五 知识拓展

湘味小炒肉

　　湘味小炒肉是湖南省特色传统名菜，属于湘菜系。以猪前腿肉、朝天椒、蒜等为食材。湘味小炒肉香辣爽口、肉质鲜嫩、肉香浓郁，与川味小炒肉最大的不同在于使用的辣椒不同。

任务四

鱼香肉丝 渝川)))))

菜肴简介

相传在四川有一户做生意的人家，特别喜欢吃鱼，也喜欢研究烹鱼的技巧。有一天晚上，女主人发现上次烹鱼时还剩一些调料，为了不浪费，便把这些调料放到菜里一起炒。晚上男主人回到家，看到桌上有一盘颜色鲜艳的菜，直接吃了起来，觉得鲜美异常，便询问妻子是如何烹饪的。原来这盘菜是用烧鱼的调料烹炒而成，鲜香味美，令人回味无穷，后起名"鱼香炒"。经过改进，鱼香肉丝被列入名菜行列，在国际上也享有盛名，大大小小的饭店都可以看到它靓丽的身影。

课程任务

（一）任务目标

1. 了解鱼香肉丝的历史演变。

2. 能正确运用刀工工艺和烹调工艺。

3. 掌握鱼香肉丝的制作流程并独立完成制作。

4. 能安全有序、干净整洁地制作菜肴。

（二）任务重点

1. 原料刀工工艺处理。

2. 鱼香味型的勾芡比例。

3. 菜肴成菜火候控制。

✄（三）任务难点

根据菜肴制作分量进行鱼香味型的调制。

☰ 任务实施

✄（一）原料构成与准备（图1-4-1）

> 🥩 主料：瘦肉300g。
>
> 🥦 辅料：大葱100g。
>
> 🧂 调料：泡二荆条50g，盐2g，味精
> 1g，白糖15g，淀粉20g，
> 姜10g，蒜10g，陈醋10g，
> 料酒适量，色拉油适量。

图1-4-1

✄（二）烹调加工成菜步骤

①原料处理加工阶段（图1-4-2）

（1）姜、蒜去皮剁细，泡二荆条去籽剁细，大葱去根洗净切成葱粒。

（2）将瘦肉切成二粗丝，加盐、料酒、淀粉码味上浆。

（3）码碗依次加入白糖、陈醋、料酒、盐、味精、淀粉，兑汁。

图1-4-2

②菜肴烹调过程

（1）锅置火上，倒入适量色拉油，待油温加热至4—5成，下肉丝滑至散籽发白倒出控油备用。

（2）锅中留少许油，加姜、蒜末炒出香味，加泡椒末小火炒至出香出色，倒入滑好的肉丝翻炒入味，倒入兑好的汁水，加葱粒迅速翻转均匀，起锅装盘即可。（图1-4-3）

图1-4-3

3 成菜特点

质地细嫩，色泽棕红，鱼香味浓，散籽浅油，咸甜酸辣兼具。

四 成菜技术要点

1. 成丝均匀，上浆均匀。
2. 姜、蒜、泡椒的味道融合。
3. 葱粒下锅翻炒，时间把控恰当。

五 知识拓展

鱼香味

鱼香味是川菜特有的一种风味味型，源于民间传统烹鱼调味方法。通过对各种辛香调味料的巧妙调和，在高温的作用下所产生的一种复合风味。鱼香味融合了咸、甜、酸、辣，取用盐、糖、醋、姜、葱、蒜的味道。核心调味是泡椒，或是原红豆瓣（鲜辣豆瓣），如采用四川特有的泡鱼辣椒，其鱼香风味会更加浓郁。代表菜品：鱼香肉丝、鱼香茄子等。

任务五·
糖醋里脊

菜肴简介

　　糖醋里脊是中国经典传统名菜之一，该菜品以猪里脊肉为主料，配以面粉、淀粉、醋、白砂糖、番茄酱等佐料，酸甜可口，让人食欲大开。在陕菜、豫菜、浙菜、鲁菜、川菜、淮扬菜、粤菜、闽菜里均有此菜。

课程任务

（一）任务目标

1. 能正确运用直刀法和炸、熘烹调工艺。

2. 掌握糖醋里脊的制作流程并独立完成制作。

3. 能安全有序、干净整洁地制作菜肴。

（二）任务重点

1. 掌握原料一字条的处理加工工艺。

2. 掌握炸、熘烹调工艺。

3. 掌握糖醋味的调制。

4. 掌握糖醋里脊的成菜特点。

（三）任务难点

1. 外酥里嫩的熘制工艺。

2. 糖醋汁的炒制。

三 任务实施

✕（一）原料构成与准备（图 1-5-1）

🥩主料：猪里脊300g。

🥦辅料：大葱50g，鸡蛋100g。

🧂调料：番茄酱150g，白糖50g，白醋50g，盐2g，料酒5g，淀粉5g，胡椒粉2g，面粉2.5g，色拉油适量，姜适量。

图 1-5-1

✕（二）烹调加工成菜步骤

① 原料处理加工阶段

（1）大葱去根和老叶洗净切丝泡水备用。

（2）猪里脊洗净改刀成一指条，加入葱、姜、料酒、胡椒粉码味备用。

② 菜肴烹调过程

（1）面粉和淀粉按照1：2混合均匀，加入鸡蛋、水和少许盐调制成脆糊备用。

（2）码味的肉条捡去葱、姜，放入脆浆糊中充分搅拌均匀。

（3）起锅烧油，待油温加热至6成，依次下肉条炸至定型捞出，锅中再次加热，至油温升至7成，倒入定型的肉条炸至外酥里嫩捞出控油。（图 1-5-2）

图 1-5-2

（4）锅中加入少许色拉油，下番茄酱炒至翻砂，加入白醋和白糖，使三种调料充分混合均匀。加少许盐调味，水淀粉勾芡，淋入热油充分搅拌均匀融合。

（5）倒入炸好的肉条，充分熘均匀，起锅装盘，撒入葱丝点缀即可。（图 1-5-3）

图 1-5-3

3 成菜特点

成丝均匀、色泽红亮、酸甜咸鲜、外酥里嫩。

四 成菜技术要点

1. 肉条的粗细度掌握恰当。

2. 炸制油温的控制到位。

3. 甜酸味的调制比例适中。

4. 熘制过程快速成菜，以保证菜肴酥脆质感。

五 知识拓展

糖醋味型

　　糖醋味型是以糖、醋为主要调料，佐以盐、姜、葱、蒜等调制而成。其特点是甜酸味浓，回味咸鲜，在冷热菜式中应用都较为广泛，常见的菜肴有糖醋排骨等。调制时，须以适量的咸味为基础，重用糖、醋，以突出甜酸味。

任务六·

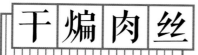

菜肴简介

干煸肉丝是川渝地区的传统名菜，属于川菜系。其成菜特点咸鲜味浓、干辣下饭、香酥可口。能增强食欲，促进消化，营养价值丰富。

课程任务

（一）任务目标

1. 熟悉干煸肉丝的制作步骤。

2. 掌握干煸肉丝的制作要领。

3. 掌握干煸肉丝的成菜特点。

（二）任务重点

1. 原料二粗丝的处理加工工艺。

2. 干煸火候的控制。

（三）任务难点

干煸火候的控制，肉质干香，油色清亮。

三 任务实施

✕（一）原料构成与准备（图1-6-1）

🥩 **主料**：猪里脊300g。

🥦 **辅料**：芹菜50g，干辣椒20g。

🧂 **调料**：姜10g，蒜10g，盐2g，味精2g，料酒5g，酱油3g，色拉油、白糖、胡椒粉、干花椒适量。

图1-6-1

✕（二）烹调加工成菜步骤

1 原料处理加工阶段（图1-6-2）

（1）芹菜去叶和根洗净切成段备用。

（2）姜、蒜去皮切粗丝，干辣椒去籽切丝。

（3）猪里脊切二粗丝备用。

图1-6-2

2 菜肴烹调过程

（1）肉丝码味。肉丝中加入少许盐、料酒、葱姜水、酱油搅打均匀，使肉丝充分吸收水分至饱和状态备用。

（2）锅置火上，炙锅下油至油温升至5成，肉丝下锅煸炒散开，烹入适量料酒增香，改小火煸炒至油清亮。下干辣椒丝和干花椒粒炒香出味，再加入姜、蒜丝炒香，加入白糖、胡椒粉、味精调味，翻炒均匀，下芹菜段炒断生出锅装盘成菜。（图1-6-3）

图1-6-3

3 成菜特点

成菜粗细均匀、酥软干香、咸鲜微辣、色彩搭配合理。

四 成菜技术要点

1. 主辅料粗细均匀。
2. 肉丝煸炒的火候控制。
3. 干辣椒、干花椒炒出香味。

五 知识拓展

干煸工艺

　　干煸是最具川菜特色的烹制技法之一，即将经刀工处理的丝、条、丁等形状的原料，放入锅中加热翻炒，使其脱水至熟，并具有酥软干香的特点。干煸菜主要运用中火、中油温，且油量较少，原料不上浆码芡，加热时间较长，要将原料煸炒至见油不见水时，方加入调辅料烹制成菜。由于干煸技法火候掌握的难度较大，因此行家们称干煸为"火中取宝"。其代表性菜肴有干煸牛肉丝、干煸鱼、干煸鱿鱼、干煸冬笋、干煸苦瓜等。

任务七·

菜肴简介

泡椒猪肝是川渝地区传统家常名菜。其选用的主料为猪肝，辅料常用老坛泡椒、西芹、木耳、大葱等。其成菜香辣诱人、泡椒味美、鲜嫩可口。

课程任务

✕（一）任务目标

1. 熟悉泡椒猪肝的制作步骤。
2. 掌握泡椒猪肝的制作要领。
3. 掌握泡椒猪肝的成菜特点。

✕（二）任务重点

1. 柳叶片刀工处理，厚薄均匀。
2. 滑炒的火候和油温控制。
3. 泡椒味型的调味适宜。

✕（三）任务难点

滑炒的火候和油温控制。

三 任务实施

❋（一）原料构成与准备（图1-7-1）

- 🥩 **主料**：猪肝200g。
- 🥦 **辅料**：西芹20g，木耳10g，大葱10g，青泡椒20g，红泡椒20g。
- 🧂 **调料**：姜10g，蒜10g，干花椒2g，豆瓣酱3g，味精2g，色拉油、料酒、盐、胡椒粉、酱油、淀粉适量。

图 1-7-1

❋（二）烹调加工成菜步骤

①原料处理加工阶段（图1-7-2）

（1）西芹去筋去叶洗净改斜刀片，大葱去根去老叶洗净切段，姜、蒜去皮洗净切片备用。

（2）红泡椒对半切开去籽，青泡椒切小段备用。

（3）干木耳冷水泡发洗净，撕成小瓣备用。

（4）猪肝切成厚薄均匀的柳叶片。切好的猪肝加入盐、料酒、胡椒粉、酱油、淀粉码味上浆（其作用是锁住水分，保持鲜嫩不宜吐水）。

图 1-7-2

②菜肴烹调过程

（1）锅置火上，下油升温至6成，下猪肝滑散定型后起锅控油待用。

（2）锅中加油升温，下干花椒爆香，加入姜、蒜炒香，再加入泡椒炒出香味，然后加入少量豆瓣酱炒出颜色，加入滑好的主料和西芹、木耳，烹入少许料酒急火快炒均匀，加入大葱段，调味翻炒均匀，勾芡亮油，起锅装盘成菜。（图1-7-3）

图 1-7-3

③ 成菜特点

肉质鲜嫩、泡椒味浓郁。

四 成菜技术要点

1. 滑猪肝时要控制温度，滑至散籽、定型、断生即可。

2. 柳叶形大小厚度均匀。

3. 菜肴烹调时急火快炒，成菜鲜嫩。

4. 泡椒小火炒出味，调味恰当。

五 知识拓展

泡椒味型

　　川菜中特有的泡辣椒，色泽红亮、辣而不燥、滋味醇厚、开胃健脾，其味型是近年来新潮风味的主要味型之一。泡椒味型主要的调味为泡椒、胡椒、盐、味精等。后在此基础上与啤酒、番茄酱、豆豉、鲜椒、小米辣配合又形成多种风格的泡椒复合味型。泡椒味在与其他调味品复合调配时，要突出泡椒味，以盐定味，以胡椒增香，以酱油增色，以味精、鸡精提鲜，配合比例要恰当。

任务八

 火爆腰花   渝川 》》》》

菜肴简介

　　火爆腰花是川渝地区的一道家常风味菜，其主料多选用猪腰，辅料多为西芹、木耳、大葱等。其成菜特点是质地细嫩、咸鲜醇厚。猪腰具有补肾气、通膀胱、消积滞、止消渴之功效。可用于治疗肾虚腰痛、水肿等症。

课程任务

✕（一）任务目标

1. 熟悉火爆腰花的制作步骤。

2. 掌握火爆腰花的制作要领。

3. 掌握火爆腰花的成菜特点。

✕（二）任务重点

1. 凤尾花刀刀工处理，粗细均匀。

2. 爆炒的火候和油温，炒制时间控制。

3. 咸鲜味型的调味。

✕（三）任务难点

爆炒的火候和油温控制，炒制时间控制。

三 任务实施

✂（一）原料构成与准备（图1-8-1）

🥩 **主料**：猪腰300g。

🥦 **辅料**：西芹15g，木耳10g，大葱10g。

🧂 **调料**：泡二荆条10g，姜10g，蒜10g，盐2g，味精2g，料酒10g，白糖2g，醋3g，酱油2g，淀粉、胡椒粉、色拉油适量。

图1-8-1

✂（二）烹调加工成菜步骤

①原料处理加工阶段（图1-8-2）

（1）西芹去筋去叶洗净，斜刀切片；大葱去根、去老叶洗净，切斜刀；姜、蒜去皮洗净切片备用。

（2）干木耳冷水泡发，洗净撕成小瓣备用。

（3）猪腰对半切开去除腰臊，改凤尾花刀，先斜刀后直刀，斜刀进刀三分之二，直刀进刀四分之三，三刀一断放入碗中，加入适量盐、酱油、料酒码味腌制3分钟，加入适量干淀粉上浆搅拌均匀，加入少量色拉油搅拌均匀备用。

（4）泡二荆条去籽切斜刀备用。

图1-8-2

2 菜肴烹调过程

（1）兑碗芡：取一码碗加入少许盐，适量酱油、白糖、味精、料酒、胡椒粉、醋、水淀粉兑成汁水待用。

（2）炙锅下油升温至7成左右，加入姜、蒜片和泡二荆条炒出香味，然后加入猪肝快速翻炒散开，加入西芹、木耳，急火快炒，加入葱，倒入碗芡翻炒均匀起锅装盘即可。（图1-8-3）

图1-8-3

3 成菜特点

翻花美观、质地脆嫩、咸鲜可口。

四 成菜技术要点

1. 猪腰腰臊一定要剔除干净。
2. 切花刀深度恰当，花穗均匀。
3. 上浆淀粉适宜，防止吐水脱浆。
4. 火候控制得当，急火快炒成菜。

五 知识拓展

火爆工艺

火爆是盐帮菜的一种烹制方法，就是将质地脆嫩的原料用旺火高油快速加热的一种烹制方法，讲究成菜迅速、质感脆嫩、紧汁亮油。火爆菜跟小煎菜的操作流程相近，不同之处在于更讲究火功，一定要油多火旺、急火快炒，方能保证成菜口感脆嫩。

任务九·

糖醋排骨

菜肴简介

糖醋排骨，是糖醋味型中极具代表性的一道特色传统名菜。其主料多选用新鲜猪纤排，其成菜特点是肉质干香酥软、色泽棕红油润、糖醋味浓。

课程任务

（一）任务目标

1. 熟悉糖醋排骨的制作步骤。

2. 掌握糖醋排骨的制作要领。

3. 掌握糖醋排骨的成菜特点。

（二）任务重点

1. 炸和烧的火候和油温控制。

2. 糖醋味型的调味。

3. 糖色的制作。

（三）任务难点

糖色的制作。

三 任务实施

(一) 原料构成与准备 (图 1-9-1)

- 🥩 **主料**: 猪纤排800g。
- 🥦 **辅料**: 大葱50g, 姜30g。
- 🧂 **调料**: 盐、料酒、白糖、冰糖、醋、色拉油、白芝麻、干花椒适量。

图 1-9-1

(二) 烹调加工成菜步骤

1 原料处理加工阶段

（1）大葱切段, 姜去皮拍破备用。

（2）猪纤排砍成长 3 cm 左右的段（图 1-9-2）, 清水漂洗出血水, 加入葱、姜、料酒腌制备用。

2 菜肴烹调过程

图 1-9-2

（1）锅置火上, 加入适量清水和盐、料酒、干花椒、葱、姜, 倒入排骨煮沸打去浮沫, 改中小火煮至肉缩骨捞出控水, 捡出排骨待用; 汤汁过滤待用。（图 1-9-3）

图 1-9-3

（2）锅置火上，加少许汤汁，加冰糖炒糖色待用。

（3）锅置火上，加入色拉油，至油温升至 7 成，下排骨炸至外酥里嫩捞出控油待用。（图 1-9-4）

图 1-9-4

（4）锅置火上，倒入糖色和适量汤汁烧沸，下炸好的排骨改中小火烧制，随之加入盐、白糖调底味，待汁水收至三分之一时加入醋改大火收汁至水分完全干，起锅装盘，撒上白芝麻装饰成菜。（图 1-9-5）

图 1-9-5

③ 成菜特点

色泽红亮、酥软离骨、酸甜咸兼具。

四 成菜技术要点

1. 排骨的大小均匀。

2. 糖色炒制。

3. 收汁干爽，盐味恰当。

五 知识拓展

炸收工艺

　　炸收，就是将食材在油锅中炸干水分，再上锅烹饪，调入味汁，小火收汁出菜。炸收成菜干香、酥脆爽口、口味层次分明、方便存放，对餐馆来说，炸收能够保证快速上菜。代表菜有香辣脆鳝、酱酥鲫鱼、辣子鸡等。

任务十

芽菜烧白

菜肴简介

芽菜烧白又名咸烧白，发源于中国四川省，是川渝地区的一道特色名菜。此菜素以质嫩条细、咸鲜回甜、味道醇香而深受大众喜爱。芽菜烧白多以三线肉为制作主料，烹调工艺以蒸为主，口味属于咸甜味。菜中的主要配料是芽菜。

课程任务

（一）任务目标

1. 熟悉芽菜烧白的制作步骤。

2. 掌握芽菜烧白的制作要领。

3. 掌握芽菜烧白的成菜特点。

（二）任务重点

1. 原料刀工工艺处理。

2. 糖色炒制变化过程。

3. 肉块走红的油温把控。

4. 定碗和反扣手法。

（三）任务难点

1. 糖色炒制。

2. 走红工艺的油温和色泽把控。

三 任务实施

※（一）原料构成与准备（图 1-10-1）

图 1-10-1

- 🍖 **主料**：三线肉1000g。
- 🥦 **辅料**：芽菜500g，小葱10g，姜10g，蒜10g，干花椒5g。
- 🧂 **调料**：盐5g，味精3g，料酒50g，白糖200g，胡椒粉2g，生抽10g，老抽3g，色拉油适量。

※（二）烹调加工成菜步骤

1 原料处理加工阶段

（1）小葱去根和老叶洗净切葱花。

（2）芽菜淘洗干净挤干水分备用。

（3）三线肉燎皮浸泡刮洗干净。

2 菜肴烹调过程

（1）锅置火上，烧水加料酒、干花椒、姜、蒜、小葱、胡椒粉，下三线肉煮透捞起。

（2）炙锅下油，加入干花椒炸香，下芽菜炒干水分，加味精调味备用。（图 1-10-2）

图 1-10-2

（3）洗锅加少量色拉油，适量白糖炒糖色。（图 1-10-3）

图 1-10-3

（4）糖色烧沸后加入盐、生抽、老抽调色。

（5）三线肉趁热放到汁水中，均匀上色。

（6）走红：炙锅下油，待油温升至 6 成，将三线肉皮朝下炸焦后迅速放入冷水中浸泡，再改刀为 0.5cm 厚的片。（图 1-10-4）

图 1-10-4

（7）定碗：将三线肉皮朝下，第二块压第一块的三分之二，呈"一封书"的样式，放于碗中。（图 1-10-5）

图 1-10-5

（8）填充：把炒好的芽菜填充到碗中。

（9）浇汁：把调好味的汁水浇到芽菜和肉面上。

（10）蒸制：用保鲜膜把碗表面封装，上蒸锅蒸 2—3 小时，耙软即可。

（11）翻扣：蒸好的烧白用盘子翻扣过来撒上葱花成菜。（图 1-10-6）

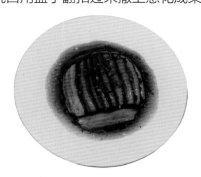

图 1-10-6

③ 成菜特点

厚薄均匀、质地耙软、色泽棕红、装盘美观、形态饱满。

四 成菜技术要点

1. 肉片厚度及均匀度的掌握。
2. 走红的油温控制恰当。
3. 定碗的手法正确，间隔均匀。
4. 走红颜色把控恰当。

五 知识拓展

╭─────── 走红工艺 ───────╮

　　走红是对经过焯水、过油等加工的大块原料再进一步上色入味的熟处理加工方法。根据走红的材料，可以分为卤汁走红和过油走红。

任务十一

 粉蒸肉

菜肴简介

粉蒸肉亦称米粉肉，发源于江西，流行于中国南方（四川、重庆、湖北等地），所需材料主要是米粉和肉，烹饪方式是蒸。成菜特点是糯而清香、酥而爽口、有肥有瘦、红白相间、嫩而不糜、米粉油润、香味浓郁。

课程任务

（一）任务目标

1. 熟悉粉蒸肉的制作步骤。
2. 掌握粉蒸肉的制作要领。
3. 掌握粉蒸肉的成菜特点。

（二）任务重点

1. 原料刀工工艺处理。
2. 香酥豆瓣炒制。

（三）任务难点

定碗和反扣手法。

三 任务实施

✕（一）原料构成与准备（图 1-11-1）

🥩 主料：三线肉300g。

🥦 辅料：红薯300g，小葱10g。

🧂 调料：蒸肉粉、豆瓣酱、干花椒、
姜、醪糟、甜酱、料酒、白
糖、永川豆豉、生菜油、色
拉油适量。

图 1-11-1

✕（二）烹调加工成菜步骤

1 原料处理加工阶段（图1-11-2）

（1）红薯去皮洗净切滚刀块，小葱去根、去老
叶洗净切葱花备用。

（2）将三线肉燎皮后清洗干净，切成长 6cm、
宽 3cm、厚 0.3cm 的片备用。

（3）豆瓣酱剁细备用。

图 1-11-2

2 菜肴烹调过程

（1）锅置火上，加入适量色拉油，待油温升至 5 成，下剁细豆瓣酱和永川豆豉小
火煸炒出色出味，盛出待用。（图 1-11-3）

图 1-11-3

（2）取一盆，将肉片放入，加炒好的豆瓣酱，干花椒、姜、醪糟、甜酱、白糖拌匀并试味，加料酒再次拌匀，加蒸肉粉、生菜油拌匀待用。

（3）将红薯放入盆中加少许蒸肉粉，加炒好的豆瓣酱、干花椒、姜、醪糟、甜酱、白糖拌匀并试味，然后将红薯放入蒸笼垫底，然后放上拌好的肉片。（图1-11-4）

图 1-11-4

（4）封上保鲜膜，上蒸笼蒸 1.5—2 小时，蒸好后反扣撒上葱花即可成菜。（图 1-11-5）

图 1-11-5

③ 成菜特点

色泽红亮、咸鲜微甜、辣中带香、肉质软糯。

四 成菜技术要点

1. 燎皮至皮焦去除猪皮异味。

2. 肉片厚薄均匀，大小均匀。

3. 蒸制时长要充足。

五 知识拓展

〔 蒸制工艺 〕

蒸制工艺是将原料进行刀工切配处理，经过调味盛装，放入蒸柜内，利用蒸汽加热使之成熟或熟软入味成菜的烹调方法，可以分为粉蒸、旱蒸、清蒸。

任务十二
川味红烧肉

一 菜肴简介

　　在全国各大菜系中均有各自特色的红烧肉。常以五花肉为主料，也可用猪后腿肉代替，最好选用肥瘦相间的三线肉来做，炊具以砂锅为主，做出来的肉肥瘦相间、肥而不腻、香甜松软、营养丰富、入口即化。

二 课程任务

✕（一）任务目标

1. 熟悉川味红烧肉的制作步骤。
2. 掌握川味红烧肉的制作要领。
3. 掌握川味红烧肉的成菜特点。

✕（二）任务重点

1. 肉块成型，大小均匀。
2. 川味红烧制作工艺。

✕（三）任务难点

川味红烧工艺。

三 任务实施

✕（一）原料构成与准备（图 1-12-1）

🥩 主料：三线肉600g。

🥦 辅料：小葱10g，姜10g，大葱5g。

🧂 调料：香叶、砂仁、桂皮、花椒、八角、草果、山奈、白蔻、干花椒、盐、料酒、白糖、生抽、醪糟、色拉油适量。

图 1-12-1

✕（二）烹调加工成菜步骤

1 原料处理加工阶段

（1）小葱去根、去老叶洗净切段拍破；姜去皮洗净部分拍破，部分切片待用。

（2）三线肉燎皮浸泡刮洗干净，改边角料整齐切成大小 2 cm 左右的块。

（3）切好的三线肉加入料酒、盐、大葱、姜码味 20 分钟。

（4）取一料包袋依次加入适量香叶、砂仁、桂皮、花椒、八角、草果、山奈、白蔻、干花椒、小葱做成料包备用。

2 菜肴烹调过程

（1）炙锅下油，倒入腌制好的三线肉块爆炒至水干吐油。

（2）锅置火上，加入适量清水，加白糖炒糖色待用。

（3）炙锅下油，加姜片爆香，倒入糖色，放入料包，加入盐、料酒、生抽、白糖、醪糟调味，烧沸后加入肉块改小火慢烧入味，待水分余三分之一时拣去料包和姜片，改中大火快速收汁至汁水黏稠红亮，起锅装盘成菜即可。（图 1-12-2）

图 1-12-2

③ 成菜特点

成块均匀、色泽红亮、软糯适口、肥而不腻。

四 成菜技术要点

1. 三线肉块改刀大小均匀。

2. 料包搭配合理。

3. 烧制时间足，收汁合理。

五 知识拓展

红烧工艺

　　红烧就是指将经初步熟处理的原料，加入适量汤汁和调料，以酱油或呈酱红色的调料提色，旺火烧沸下料，中小火加热入味至成熟酥软，再以旺火勾芡稠汁成菜的烹调方法。成菜特点是：色泽红润、明油亮芡、鲜醇味浓、质地酥软柔嫩。红烧的代表菜有：红烧鲤鱼、红烧海参等。

任务十三

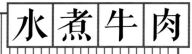

菜肴简介

水煮牛肉是以黄牛肉为主料制作而成的特色传统名菜，属川菜系。因牛肉片是在辣味汤中烫熟，故名水煮牛肉。川菜中的"水煮牛肉"这道名菜，是在自贡盐业生产中诞生的。早在明清时期，自贡盐场以牛为动力推车汲卤，随着盐井增多，车体增大，牛也越来越多，清光绪时常年维持在三万头左右，随着有病的与退役的牛需宰杀，所以在自贡盐场，牛肉食品也就越来越多，越做越有风味。

课程任务

✕（一）任务目标

1. 熟悉水煮牛肉的制作步骤。

2. 掌握水煮牛肉的制作要领。

3. 掌握水煮牛肉的成菜特点。

✕（二）任务重点

1. 牛肉刀工处理工艺。

2. 牛肉码味和上浆工艺。

3. 水煮工艺与调味工艺

4. 刀口辣椒的制作。

✕（三）任务难点

水煮时对肉质成熟度的把控。

任务实施

(一)原料构成与准备(图1-13-1)

🥩 **主料**:牛里脊300g。

🥦 **辅料**:芹菜20g,蒜苗20g,油麦菜100g,豆芽20g,土豆100g,小葱5g。

🧂 **调料**:豆瓣酱、姜、蒜、盐、糖、味精、鸡精、淀粉、色拉油、料酒、酱油、干花椒、干辣椒、干辣椒面、花椒面、高汤适量。

图1-13-1

(二)烹调加工成菜步骤

1 原料处理加工阶段(图1-13-2)

(1)芹菜去叶、去根洗净切成段,油麦菜洗净切成段,土豆去皮洗净切片,豆芽去根洗净备用。

(2)姜、蒜去皮洗净剁成末。

(3)牛里脊肉去筋膜洗净切成厚1.5mm左右的片,加入适量料酒、盐、酱油入味,水淀粉码味上浆备用。

图1-13-2

(4)锅置火上,加入干辣椒煸炒出糊香味,然后干花椒小火慢炒至出香,起锅剁成刀口辣椒备用。(图1-13-3)

图1-13-3

② 菜肴烹调过程

（1）锅置火上，锅中加少许油，加蒜末炒香后，加入配菜炒熟调味起锅，将配菜盛到碗底平铺待用。

（2）洗锅后锅中重新下油升温至5成，加入姜、蒜末炒香，再加入豆瓣酱炒散、炒香、出红油，加入适量干辣椒面炒香出色，放入适量高汤，放入少许盐、生抽、味精、糖、鸡精调味，待汤汁沸腾后调小火将浆好的肉片——滑散入锅内，待肉7成熟后勾入适量水淀粉，待糊化后连汤一起装入盛有配菜的碗内。

（3）将刀口辣椒和花椒面撒于表面，再将姜、蒜末均匀撒在刀口辣椒面上。

（4）将锅洗净下油，待油温升至8成，均匀浇于菜品表面，撒上葱花即可。（图1-13-4）

图1-13-4

③ 成菜特点

肉质细嫩、麻辣鲜香。

四 成菜技术要点

1. 肉片厚薄要均匀。
2. 刀口辣椒炒香但不能炒糊。
3. 水煮时间控制恰当，忌煮老。
4. 炝油要高温，低温辣而不香。

五 知识拓展

水煮工艺

水煮是将原料放入水中，用大火加热至水沸，改中火加热使原料成熟的烹调方法，一般水煮的温度控制在100℃，加热时间为30分钟之内，成菜汤宽，不要勾芡。

任务十四

酸汤肥牛 渝川)))

菜肴简介

酸汤肥牛，除肥牛品质这一要素外，关键还在于汤的调味，酸辣要恰到好处。肥牛美味，营养丰富，不仅能提供丰富的蛋白质、铁、锌、钙，而且还是叶酸和核黄素的最佳来源。吃肥牛可以搭配海鲜和青菜，海鲜中含有丰富的蛋白质、铁和维生素，营养更丰富，更易于人体的吸收。

课程任务

（一）任务目标

1. 熟悉酸汤肥牛的制作步骤。

2. 掌握酸汤肥牛的制作要领。

3. 掌握酸汤肥牛的成菜特点。

（二）任务重点

1. 酸汤肥牛的制作。

2. 调汤与调味。

（三）任务难点

酸汤的调制。

三 任务实施

✕（一）原料构成与准备（图 1-14-1）

🥩 主料：肥牛卷500g。

🥦 辅料：土豆粉50g，金针菇50g，芫荽10g，南瓜30g，青小米椒、红小米椒少许。

🧂 调料：姜、蒜、泡野山椒、灯笼椒酱、盐、味精、白糖、色拉油适量。

图 1-14-1

✕（二）烹调加工成菜步骤

1 原料处理加工阶段（图1-14-2）

（1）金针菇洗净去根部撕成小撮，芫荽去根、去老叶洗净切段，姜、蒜去皮洗净剁成姜、蒜末，青、红小米椒去梗洗净切小颗粒备用。

（2）南瓜去皮去瓤洗净切块，蒸熟打成南瓜泥备用。

（3）泡野山椒切颗粒备用。

（4）适量金针菇和芫荽用肥牛卷卷紧备用。

图 1-14-2

2 菜肴烹调过程

（1）锅置火上，加入适量色拉油，下姜、蒜末炒香出味，然后加入泡野山椒颗粒炒香出味后加入适量鲜汤，烧沸后加入灯笼椒酱和南瓜泥调色调味，土豆粉下锅煮熟后捞出垫于碗底，然后加入卷好的肥牛卷，待烧沸后加入盐、白糖、味精调味起锅，倒入碗中，表面撒上蒜末和青、红小米椒颗粒。

（2）洗锅烧油，待油温升至8成，浇于表面炝香成菜。（图1-14-3）

图1-14-3

3 成菜特点

酸辣开胃、色彩丰富。

四 成菜技术要点

1. 肥牛卷卷紧，防止煮散。
2. 南瓜和灯笼椒酱用量恰当。
3. 炝油温度要适宜。

五 知识拓展

金汤制作方法

　　为了使酸汤肥牛呈现色泽金黄的效果，一般使用泡黄灯笼椒来增加颜色。通过炒制，使得汤汁颜色变得金黄，同时还能带给菜肴酸辣爽口的口感。

任务十五

陈皮兔丁

一 菜肴简介

陈皮兔丁，传统川菜。其主料选用新鲜兔肉，辅料多为大葱、姜、陈皮、辣椒等。其成菜特点为：干香、麻辣、酥脆，菜品色泽红亮，陈皮味浓，兔肉鲜香入味。

二 课程任务

✕（一）任务目标

1. 熟悉陈皮兔丁的制作步骤。

2. 掌握陈皮兔丁的制作要领。

3. 掌握陈皮兔丁的成菜特点。

✕（二）任务重点

1. 主辅料成型规格。

2. 菜肴制作火候的控制。

3. 菜肴的收汁与调味。

✕（三）任务难点

菜肴的收汁与调味。

任务实施

✂（一）原料构成与准备（图1-15-1）

🥩 **主料**：鲜兔400g。

🥦 **辅料**：干辣椒300g，小葱20g，陈皮50g。

🧂 **调料**：姜、蒜、干花椒、香叶、草果、砂仁、桂皮、山奈、八角、白蔻、盐、味精、料酒、白糖、生抽、胡椒粉、白芝麻、香油、菜籽油适量。

图 1-15-1

✂（二）烹调加工成菜步骤

① 原料处理加工阶段（图1-15-2）

（1）干辣椒切节控籽，小葱去根、去老叶，洗净切段，姜、蒜切片备用。

（2）陈皮温水泡发备用。

（3）鲜兔洗净，砍成2cm左右的丁，用清水浸泡漂洗去除血水，加盐、姜、葱、料酒、胡椒粉、八角、香叶、桂皮、砂仁等大料腌制备用。

图 1-15-2

② 菜肴烹调过程

（1）锅置火上，下油待油温升至7成，下兔丁炸至表面金黄捞出，控油待用。

（2）锅中加入足量的油，升温至4成，下山奈、八角、香叶、砂仁、桂皮、白蔻、草果等香料炒香，加入干辣椒、干花椒、蒜片炒香出味，倒入兔丁翻炒均匀，倒入泡发的陈皮和汁水，加入白糖和生抽打底味，改中小火不断翻炒至水干出油，加味精、香油调味翻炒均匀，

图 1-15-3

下葱段和白芝麻爆香出锅凉置，待完全凉透后装盘成菜。（图1-15-3）

③ 成菜特点

色泽红亮、酥软化渣、麻辣酥香。

四 成菜技术要点

1. 兔丁大小均匀。
2. 控制炸制油温,肉质外焦里嫩。
3. 小火收汁,汁干现油。

五 知识拓展

陈皮味型

　　陈皮味型特点是咸鲜回甜、微麻微辣,突出陈皮香味。因为陈皮本身自带苦味,所以入菜时需要用到白糖来中和,花椒的麻香和辣椒的微辣,在回甜里又能给菜品带来独特的风味,十分新颖独特。

模块二 家禽类菜肴

渝味川菜

任务一

宫保鸡丁

菜肴简介

宫保鸡丁是一道闻名中外的特色传统名菜，起于贵鲁，发于川渝。该菜式起源于鲁菜中的酱爆鸡丁，后被清朝山东巡抚、四川总督丁宝桢改良发扬，形成了一道新菜式——宫保鸡丁，并流传，此道菜也被归为宫廷菜。

课程任务

✄（一）任务目标

1. 熟悉宫保鸡丁的制作步骤。

2. 掌握宫保鸡丁的制作要领。

3. 掌握宫保鸡丁的成菜特点。

✄（二）任务重点

1. 油酥花生的要点。

2. 荔枝味调味。

3. 菜肴勾芡技术。

✄（三）任务难点

荔枝味型的调制。

三 任务实施

※（一）原料构成与准备（图2-1-1）

🥩 主料：鸡腿300g。

🥦 辅料：花生50g，大葱30g。

🧂 调料：盐、鸡精、料酒、味精、白糖、醋、淀粉、辣椒面、干花椒、干辣椒、姜、蒜、色拉油适量。

图 2-1-1

※（二）烹调加工成菜步骤

1 原料处理加工阶段（图2-1-2）

（1）干辣椒切节，姜、蒜去皮切粒，大葱洗净切葱粒。

（2）鸡腿去骨改刀为 1.5cm 左右的丁备用。

图 2-1-2

2 菜肴烹调过程

（1）炙锅下油，加花生米用小火酥香脆，起锅散开吹凉备用。

（2）鸡丁加盐、料酒、水淀粉、色拉油码芡备用。

（3）取一码碗依次加入盐、料酒、白糖、味精、鸡精、醋、水淀粉，兑成汁水备用。

（4）锅中下油升温至 4 成左右，下鸡丁滑至散籽发白起锅沥油备用。

（5）锅中加入少许油，待油温升至 6 成下干辣椒炒成棕红色、下干花椒炸香，倒入姜、蒜粒炒香，加辣椒面炒至出色，倒入滑好的鸡丁炒匀，倒入兑好的汁水翻炒，最后加花生米、大葱粒翻炒均匀，起锅装盘成菜。（图2-1-3）

图 2-1-3

3 成菜特点

鸡丁大小均匀、质地细嫩、色泽红亮。

四 成菜技术要点

1. 鸡腿改刀时做到大小均匀。
2. 掌握碗芡汁水的浓度与用量。
3. 辣椒面炒制时控制火候，炒出红油色。
4. 花生米和大葱粒下锅的时间把控恰当。

五 知识拓展

荔枝味

　　荔枝味，是用盐、醋、白糖、酱油、料酒、味精调和，并用姜、葱、蒜等提香，调制出类似荔枝的酸甜味。在实际制作时，不能忽略咸味，以咸味为基础才能突出荔枝味，同时葱、姜、蒜用量不宜过度，以免喧宾夺主。此味型还分大荔枝味和小荔枝味，大荔枝味甜味略重，类似成熟荔枝的味道；小荔枝味强调回酸的口感。宫保鸡丁就是糊辣小荔枝味，是糊辣味型和荔枝味型的复合味型。大荔枝味的代表菜是锅巴肉片。

任务二·

碎米鸡丁 渝川))))

菜肴简介

碎米鸡丁是四川省经典名菜，具有浓烈的地方特色，菜品特点咸带微甜，并有酸辣味，入口香、脆、滑、嫩、鲜。

课程任务

✕（一）任务目标

1. 熟悉碎米鸡丁的制作步骤。

2. 掌握碎米鸡丁的制作要领。

3. 掌握碎米鸡丁的成菜特点。

✕（二）任务重点

1. 碎米鸡丁颗粒大小切制。

2. 咸鲜微辣调味。

3. 菜肴勾芡技术。

✕（三）任务难点

菜肴勾芡技术。

三 任务实施

✕（一）原料构成与准备（图 2-2-1）

🥩 **主料**：鸡腿200g。

🥦 **辅料**：花生50g，小葱10g，青小米椒5g，
红小米椒5g，芽菜20g，姜适量，
蒜适量。

🧂 **调料**：盐、胡椒粉、味精、鸡精、料
酒、白糖、酱油、醋、淀粉、色
拉油适量。

图 2-2-1

✕（二）烹调加工成菜步骤

1 原料处理加工阶段

（1）鸡腿去骨，改刀成 0.3cm 左右的颗粒，加盐、胡椒粉、料酒、水淀粉码味上浆备用。（图 2-2-2）

图 2-2-2

（2）小葱去根、去老叶洗净，切葱花，青、红小米椒去梗洗净切小颗粒，姜、蒜去皮洗净剁成姜、蒜末，芽菜淘洗干净挤干水分备用。（图 2-2-3）

（3）花生盐酥放凉去皮按碎备用。

图 2-2-3

②菜肴烹调过程

（1）取一只碗，加入适量盐、酱油、白糖、醋、味精、鸡精、水淀粉兑成汁待用。

（2）炙锅下油，下鸡丁炒散，加入辅料炒香出色，倒入芡汁翻炒均匀，再下葱花翻炒，起锅前加入花生碎翻炒均匀成菜。（图2-2-4）

图2-2-4

③成菜特点

色泽红亮、咸鲜微辣、细嫩酥香。

四 成菜技术要点

1. 鸡腿改刀时做到大小均匀。
2. 掌握碗芡汁水的浓度与用量。
3. 花生米和葱粒下锅的时间把控恰当。

五 知识拓展

酸辣味型

酸辣味型的菜肴不是以辣椒为主角，而是在辣椒的辣与生姜的辣之间寻找一种平衡，再用醋、胡椒粉、味精这些解辣的佐料去调和，使其形成醇酸微辣、咸鲜味浓的独特风味。在调制酸辣味型的菜肴时，一定要把握住以咸味为基础、酸味为主体、辣味助风味的原则，用料适度。酸辣味型的菜肴以热菜居多，如酸辣蹄筋、醋椒鳜鱼。

任务三

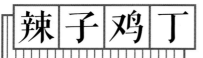 辣子鸡丁 渝川)))))

菜肴简介

辣子鸡丁，鸡丁滑爽细嫩，与嫩脆的青笋搭配，用郫县豆瓣调味成菜，咸鲜香辣、清爽适口，是西南地区经典家常菜。

课程任务

✖（一）任务目标

1. 熟悉辣子鸡丁的制作步骤。

2. 掌握辣子鸡丁的制作要领。

3. 掌握辣子鸡丁的成菜特点。

✖（二）任务重点

1. 鸡丁的成型规格。

2. 咸鲜微辣调味。

3. 菜肴勾芡技术。

✖（三）任务难点

原料成型规格及勾芡技术。

三 任务实施

✕（一）原料构成与准备（图2-3-1）

🍖 **主料：**鸡脯肉200g。

🥦 **辅料：**青笋50g，大葱10g。

🧂 **调料：**泡红椒、姜、蒜、料酒、盐、味精、鸡精、白糖、醋、淀粉、色拉油适量。

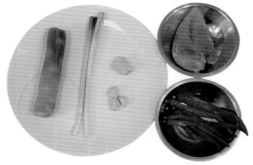

图2-3-1

✕（二）烹调加工成菜步骤

1 原料处理加工阶段（图2-3-2）

（1）将鸡脯肉改为1cm左右的丁，放入码碗中，加盐、料酒、淀粉码芡，然后封油。

（2）青笋头去皮切1cm左右的丁，放入码碗中，加少许盐腌制。大葱切葱粒，泡红椒去籽剁细，姜、蒜分别切姜末、蒜末。

（3）取一码碗，依次加入盐、白糖、醋、料酒、味精、鸡精、水淀粉、适量清水兑成家常汁。

图2-3-2

2 菜肴烹调过程

（1）锅置火上，下油至油温升至4成，放入鸡丁滑至散籽发白后放入青笋丁一同过油至断生后倒入碗中待用。

（2）锅中留油少许，烧至5成热时下剁碎的泡椒、姜末、蒜末一同煸炒至出色出味后倒入鸡丁、青笋丁炒匀，再把兑好的家常汁调匀从锅的四周倒入，待淀粉糊化后加入葱粒推转起锅装盘成菜。（图2-3-3）

图2-3-3

③ 成菜特点

大小均匀、质地细嫩、色泽棕红、咸鲜微辣、散籽浅油。

四 成菜技术要点

1. 鸡丁大小均匀。

2. 炒制的火候控制恰当。

3. 控制泡椒及调味盐使用量。

五 知识拓展

> 碗芡
>
> 碗芡是将调味品和淀粉提前兑在一起，等菜肴在锅中加热至9成熟时，倒入有味芡汁，急速颠翻炒锅，使芡汁裹匀菜品表面，快速出菜。

任务四

鲜熘鸡丝

菜肴简介

鲜熘鸡丝，是一道典型的"七分见刀工，三分见炒功"的菜肴，其主料选用新鲜的鸡胸肉，通过下片，推刀切的方法改刀成均匀的细丝，配料一般为青红椒，同样改为细丝。其成菜特点为：口味咸鲜、鸡丝滑嫩、色泽明亮、回味悠长。

课程任务

（一）任务目标

1. 熟悉鲜熘鸡丝的制作步骤。
2. 掌握鲜熘鸡丝的制作要领。
3. 掌握鲜熘鸡丝的成菜特点。

（二）任务重点

1. 掌握熘炒工艺。
2. 火候的控制。
3. 咸鲜味型调制。

（三）任务难点

菜肴成型规格及火候控制。

三 任务实施

✂ （一）原料构成与准备（图2-4-1）

🥩 **主料**：鸡脯肉200g。

🥦 **辅料**：青椒5g，红椒5g，老姜3g，
鸡蛋20g。

🧂 **调料**：盐、味精、白糖、料酒、
淀粉、色拉油适量。

图2-4-1

✂ （二）烹调加工成菜步骤

① 原料处理加工阶段

（1）青椒和红椒去籽，青椒、红椒、老姜洗净切二粗丝备用。（图2-4-2）

图2-4-2

（2）鸡脯肉顺丝切二粗丝，加入适量盐、料酒、蛋清、淀粉码味上浆备用。（图2-4-3）

图2-4-3

（3）取一码碗，加入适量盐、味精、白糖、料酒、水淀粉兑成汁备用。

图 2-4-4

②·菜肴烹调过程

（1）炙锅下油，待油温升至 6 成，倒入鸡丝快速滑至散籽发白，捞出控油待用。

（2）锅中加入少许油，加入青、红椒丝炒断生，倒入滑好的鸡丝，勾入碗芡，待糊化后快速翻炒均匀，起锅装盘成菜。（图 2-4-4）

③·成菜特点

质地滑嫩、鸡丝雪白、咸鲜清爽。

四 成菜技术要点

1. 鸡丝顺丝切片和切丝，粗细均匀。

2. 滑鸡丝的油温控制在 120—150℃。

3. 水淀粉勾芡适宜，洁白光亮。

五 知识拓展

鲜熘工艺

鲜熘指将切配成形的原料着味上浆，放入 6 成油温的油锅内滑散，除去余油，加辅料、调料、碗芡成菜的一种烹调方法。鲜熘宜选无骨、小型、质嫩易熟的原料，并加工成片、丝、丁等形态。

任务五·

川香黄焖鸡

菜肴简介

黄焖鸡又叫香鸡煲、浓汁鸡煲，起源于山东省济南市，后传入川渝地区利用当地特有原料经过改良与创新，形成别具特色的川香黄焖鸡。主要食材是鸡肉，配以土豆、香菇等焖制而成，味道美妙，具有肉质鲜美嫩滑的特点。

课程任务

✕（一）任务目标

1. 熟悉川香黄焖鸡的制作步骤。

2. 掌握川香黄焖鸡的制作要领。

3. 掌握川香黄焖鸡的成菜特点。

✕（二）任务重点

1. 鸡块大小均匀。

2. 黄焖酱料的调制。

3. 焖烧火候的控制。

✕（三）任务难点

黄焖酱料的调制。

三 任务实施

（一）原料构成与准备（图2-5-1）

- 🍖 **主料**：三黄鸡300g。
- 🥦 **辅料**：香菇50g，土豆100g，红泡椒10g，青小米椒7.5g，红小米椒7.5g，干辣椒15g，大蒜15g，大葱5g，姜3g。
- 🧂 **调料**：豆瓣酱、五香粉、盐、味精、料酒、白糖、胡椒粉、色拉油适量。

图2-5-1

（二）烹调加工成菜步骤

1 原料处理加工阶段（图2-5-2）

（1）香菇去蒂洗净改四块，土豆去皮洗净改滚刀块清水浸泡备用。

（2）青、红小米椒去梗洗净切颗粒，大蒜去皮，姜去皮切指甲片形，大葱去根洗净切段备用。

（3）红泡椒去籽剁成末备用。

（4）三黄鸡洗净砍成大小 4 cm 左右的块，放入盐、白糖、胡椒粉码味备用。

图2-5-2

2 菜肴烹调过程

（1）炙锅下油，加干辣椒炒香，下姜片和一半青、红小米椒炒香出味，加入鸡块炒至水干出油，烹入适量料酒增香，下适量豆瓣酱炒香出色，加入五香粉调味，下香菇块炒匀，加入漫过鸡肉的清水烧沸转小火焖制15分钟左右，放入味精调味待用。

图2-5-3

（2）取一砂锅，锅中放入土豆块垫底，把鸡肉和汤汁一同倒入砂锅，放入炸香的大蒜，盖上盖子焖制至土豆断生，加入另一半青、红小米椒和葱白再次闷烧2分钟，成菜。（图2-5-3）

3 成菜特点

香辣入味、软糯鲜香。

四 成菜技术要点

1. 鸡块爆炒至水干出油，使肉质紧缩。
2. 鸡肉焖制耙软离骨。
3. 调味适宜。

五 知识拓展

焖制工艺

焖是将加工处理的原料放入砂锅，加适量的糖水和调料，盖紧锅盖烧开，改用中小火进行较长时间的加热，待原料酥软入味后，留少量味汁成菜的技法。

任务六

小煎鸡 渝川

菜肴简介

小煎鸡，传统家常川菜，在四川成都几乎家家户户均会制作此道菜肴。不过此道菜在叫法上也不尽相同，有叫"青椒煸鸡"，也有叫"小煎鸡"或"青椒炒鸡"。但都是选用童子鸡，配以二荆条，一同炒制。其成菜特点是：椒香浓郁、质嫩爽口、微辣回甜。

课程任务

✕（一）任务目标

1. 熟悉小煎鸡的制作步骤。

2. 掌握小煎鸡的制作要领。

3. 掌握小煎鸡的成菜特点。

✕（二）任务重点

1. 主辅料成型规格。

2. 菜肴制作火候的控制。

3. 菜肴的调味工艺。

✕（三）任务难点

菜肴制作火候的控制。

三 任务实施

（一）原料构成与准备（图2-6-1）

- 主料：鸡腿250g。
- 辅料：红泡椒10g，二荆条30g，红小米椒15g，大葱10g。
- 调料：姜、蒜、干花椒、豆瓣酱、盐、味精、料酒、白糖、胡椒粉、酱油、色拉油适量。

图 2-6-1

（二）烹调加工成菜步骤

1 原料处理加工阶段（图2-6-2）

（1）二荆条去梗洗净切颗粒，红小米椒去梗洗净切颗粒，姜、蒜去皮洗净剁成姜、蒜末备用。

（2）鸡腿剔骨改刀为 2cm 的丁，加入葱、姜、料酒、胡椒粉码味备用。

（3）红泡椒去籽剁细备用。

图 2-6-2

2 菜肴烹调过程

（1）炙锅下油，待油温升至6成，下鸡丁煸炒至表面金黄。

（2）加入适量干花椒炒香。

（3）下姜、蒜末炒香，加入泡椒和少许豆瓣酱炒香出色，下二荆条和红小米椒颗粒翻炒均匀至断生，放盐、白糖、酱油、味精调味翻炒均匀出锅装盘成菜。（图2-6-3）

图 2-6-3

3 成菜特点

色泽红亮、肉质酥软、咸鲜微辣、风味独特。

四 成菜技术要点

1. 鸡丁大小均匀。
2. 炒制的火候控制恰当。

五 知识拓展

滑炒工艺

　　滑炒是选用质嫩的肉类原料经过改刀切成丝、片、丁、条等形状，用蛋清、淀粉上浆，用4—6成温油滑散，倒入漏勺沥去余油，放葱、姜和辅料，倒入滑熟的主料迅速用兑好的清汁烹炒装盘。因初加热采用温油滑故名滑炒。

任务七

魔芋鸭

菜肴简介

魔芋鸭,传统川菜。其主料选用新鲜的鸭子,配料多选用魔芋、香菇等。其成菜特点:软烂香浓、滋味绵长、营养丰富。

课程任务

(一)任务目标

1. 熟悉魔芋鸭的制作步骤。
2. 掌握魔芋鸭的制作要领。
3. 掌握魔芋鸭的成菜特点。

(二)任务重点

1. 主辅料成型规格。
2. 菜肴制作火候和烧制时间的控制。
3. 菜肴的调味工艺。

(三)任务难点

菜肴制作火候和烧制时间的控制。

三 任务实施

✕（一）原料构成与准备（图2-7-1）

🥩 **主料**：鲜鸭子600g。

🥦 **辅料**：魔芋100g，青泡椒50g，红泡椒50g，大葱20g。

🧂 **调料**：姜、蒜、盐、鸡精、味精、料酒、色拉油、白糖、胡椒粉、豆瓣酱、香辣酱、干花椒、酱油、保宁醋、高汤适量。

图 2-7-1

✕（二）烹调加工成菜步骤

① 原料处理加工阶段（图2-7-2）

（1）魔芋洗净改拇指条，大葱去根洗净切段，姜去皮切粗丝，蒜去皮备用。

（2）鸭肉洗净改长 5cm、宽 2cm 的条，加入葱、姜、料酒、胡椒粉码味 20 分钟备用。

（3）青泡椒切颗粒，红泡椒去籽对半切。

图 2-7-2

2 菜肴烹调过程

（1）锅中加水，烧沸后下魔芋条焯水冲凉备用。

（2）锅中加入适量色拉油，下鸭肉炒至水干吐油，烹入适量料酒除异增香。

（3）把干花椒、姜、蒜加入锅中炒出香味，加入泡椒炒出味道，下豆瓣酱和香辣酱炒香出色。

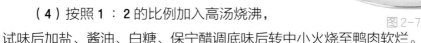

（4）按照 1：2 的比例加入高汤烧沸，试味后加盐、酱油、白糖、保宁醋调底味后转中小火烧至鸭肉软烂。

图 2-7-3

（5）下魔芋条，改大火收汁，待水干油亮时加入鸡精、味精调味翻炒，然后加入大葱炒匀起锅装盘成菜，香菜点缀。（图 2-7-3）

3 成菜特点

条块均匀、色泽红亮、软烂细嫩、香辣入味。

四 成菜技术要点

1. 魔芋碱性重，要进行焯水处理，下魔芋的时间要恰当，过早会化过晚无味。

2. 鸭肉的码、烧制处理得当，达到菜品质量要求。

3. 注意调料用量，调味得当。

五 知识拓展

魔芋的制作工艺

魔芋制作时，应先把魔芋去皮改片，泡水防止变色。制作碱水时水为去皮魔芋质量的 1.5 倍，500g 魔芋 5g 碱，混合搅拌均匀备用。将魔芋片与碱水混合入料理机搅打。混合液倒入盆中静置 6 小时，改刀小块，放入水中煮 1 小时左右捞出，冷水浸泡一夜即可。

任务八

姜爆鸭渝川

菜肴简介

姜爆鸭是一道典型的川菜。其主料选用新鲜的鸭肉，辅料选用仔姜、甜椒等。此菜色泽金黄、味浓鲜香，是秋季的时令菜肴之一。

课程任务

（一）任务目标

1. 熟悉姜爆鸭的制作步骤。

2. 掌握姜爆鸭的制作要领。

3. 掌握姜爆鸭的成菜特点。

（二）任务重点

1. 主辅料成型规格。

2. 菜肴制作火候和烧制时间的控制。

3. 菜肴的收汁与调味。

（三）任务难点

菜肴制作火候和烧制时间的控制。

三 任务实施

✂ （一）原料构成与准备（图2-8-1）

🥩 **主料**：仔鸭500g。

🥦 **辅料**：仔姜100g，青小米椒20g，红小米椒10g，大葱5g。

🧂 **调料**：姜、蒜、豆瓣酱、盐、味精、鸡精、料酒、白糖、胡椒粉、干花椒、高汤、色拉油适量。

图2-8-1

✂ （二）烹调加工成菜步骤

1 原料处理加工阶段（图2-8-2）

（1）仔姜洗净切片，青、红小米椒去梗洗净对半切备用。

（2）大蒜去皮切片备用。

（3）仔鸭洗净砍成宽2cm左右的条，加葱、姜、料酒、胡椒粉码味备用。

图2-8-2

2 菜肴烹调过程

（1）炙锅下油，加入鸭子块，爆炒至水干吐油。

（2）下姜、蒜炒出香味，放适量干花椒翻炒去腥增香，加入适量豆瓣酱炒香出色，加入漫过鸭肉的高汤烧沸，加盐、白糖调底味。

（3）改小火慢烧30分钟左右，待水分余三分之一时下仔姜翻炒均匀，改大火收汁，加入小米椒和味精、鸡精调味翻炒均匀，出锅装盘成菜。（图2-8-3）

图2-8-3

③ 成菜特点

条块均匀、酱香浓郁、鲜辣入味。

四 成菜技术要点

1. 鸭肉腥味重，码味时候要处理得当。
2. 煸炒时间不宜过长，否则肉质变老。
3. 收汁现油。

五 知识拓展

仔姜介绍

仔姜，也称为嫩姜或紫姜，是生姜的一种。仔姜颜色偏白或呈淡黄色，有光泽、质地细嫩、纤维少、水分多。相比老姜，仔姜的辛辣味不那么浓烈，被广泛用于烹饪，可腌制、小炒，常作为配菜食用。仔姜具有抗衰老，预防老年斑的功效，并对癌症有一定的预防作用。此外，仔姜还能促进血液循环，振奋胃功能，达到健胃、止痛、发汗、解热的作用。

仔姜的食用方式多样，可以腌制、凉拌等。腌制仔姜的方法是将仔姜切片或丝，加入适量的食盐、冰糖、枸杞等调料进行腌制。腌制后的仔姜酸甜爽脆，是一道非常开胃的配粥小菜。此外，仔姜也是川渝地区烹饪中不可或缺的调味品，用于提升菜肴的风味。

任务九
鸡豆花

≡ 菜肴简介

鸡豆花是盐帮菜里的一道传统名菜,已有百余年的历史。此菜为四川厨师的看家菜,成菜颇有特色,为川中清淡醇厚的代表菜之一。讲究"吃鸡不见鸡""吃肉不见肉",将荤料制成素形,即人们所谓的"以荤托素"。在 2018 年颁布的"中国菜"名录中,鸡豆花被评为四川十大经典名菜之一。

≡ 课程任务

✖（一）任务目标

1. 熟悉鸡豆花的制作步骤。
2. 掌握鸡豆花的制作要领。
3. 掌握鸡豆花的成菜特点。

✖（二）任务重点

1. 鸡浆的制作。
2. 清汤的制作。

✖（三）任务难点

清汤的制作。

三 任务实施

✕（一）原料构成与准备（图2-9-1）

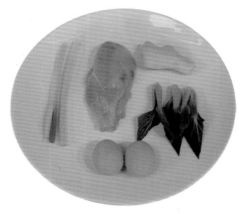

> 🥩 **主料**：鸡脯肉400g。
>
> 🥦 **辅料**：鸡蛋100g，高汤500g，上海青50g，猪瘦肉200g，大葱30g，姜、枸杞适量。
>
> 🧂 **调料**：盐、料酒、胡椒粉、淀粉适量。

图2-9-1

✕（二）烹调加工成菜步骤

1 原料处理加工阶段

（1）上海青取菜心洗净焯水备用。

（2）鸡蛋蛋清、蛋黄分开备用。

（3）猪瘦肉洗净剁成茸，200g鸡脯肉剁成茸备用。

（4）200g鸡脯肉去筋膜切小块加适量葱姜水、料酒、鸡蛋清、水淀粉、盐、清水用破壁机打成鸡浆备用。（图2-9-2）

图2-9-2

②菜肴烹调过程

（1）清汤调制：锅置火上，鲜汤中加入适量盐、料酒、胡椒粉调味，待汤烧沸后加入猪肉茸，撇去汤中大颗粒杂质，待再次沸腾后加入鸡茸，撇去汤面杂质，然后用纱布过滤汤汁，即可得清亮色的清汤待用。

图2-9-3

（2）锅置火上，加入清汤烧沸后搅动清汤使其转动，同时将鸡浆倒入，小火加热至微沸状态，打去浮沫，待鸡茸凝结成熟后保温静置十分钟，连汤汁盛入碗中用上海青和枸杞点缀成菜。（图2-9-3）

③成菜特点

色白汤清、形似豆花、质地滑嫩。

四 成菜技术要点

1. 鸡浆调制比例恰当。
2. 鸡浆下锅前搅动清汤使其旋转，利于鸡豆花凝聚紧实。

五 知识拓展

豆花的制作

将黄豆加入软水打成豆浆后，进行过滤，流下的淡浆，倒入锅内，加热煮沸，然后进行点卤：将凝固剂加入豆浆中，充分搅动，立即加盖。缩浆约10分钟后，大豆蛋白可凝固好，即制得味美的豆花。

模块三 海河鲜类菜肴

渝味川菜

任务一

菜肴简介

豆瓣鱼，是四川地区特色传统名菜。是用鲜鱼配以郫县豆瓣等调料烹制而成。该道名菜的特点是汁色红亮、鱼肉细嫩、豆瓣味浓郁芳香、咸鲜微辣略带酸甜。传统制法是用家常味，现在则多用鱼香味，酌增糖和醋，味道微带回甜，为现今的豆瓣鱼增添了色味。

课程任务

（一）任务目标

1. 熟悉豆瓣鱼的制作步骤。

2. 掌握豆瓣鱼的制作要领。

3. 掌握豆瓣鱼的成菜特点。

（二）任务重点

1. 鲫鱼的宰杀、清洗和刀工处理。

2. 炸鱼的温度控制和色泽控制。

3. 菜肴成菜的调味与勾芡。

（三）任务难点

炸鱼的温度控制和色泽控制。

三 任务实施

（一）原料构成与准备（图 3-1-1）

- 🥩 **主料**：鲫鱼 400g。
- 🥦 **辅料**：小葱 10g，泡椒 20g，大蒜 10g，姜 20g。
- 🧂 **调料**：盐、味精、料酒、淀粉、色拉油、白糖、醋、胡椒粉、豆瓣酱适量。

图 3-1-1

（二）烹调加工成菜步骤

1 原料处理加工阶段（图3-1-2）

（1）小葱去根洗净切葱花。

（2）姜、蒜去皮剁成末。

（3）鲫鱼去鳞、去腮、去内脏洗净，背部剞十字花刀，加料酒、盐、葱、姜、胡椒粉腌制 10 分钟左右。

（4）泡椒去籽剁细备用。

图 3-1-2

2 菜肴烹调过程

（1）锅中加入适量色拉油，加热至油温升至 7 成左右，擦干鲫鱼表面水分，下油锅炸至表皮金黄捞出控油。（图 3-1-3）

（2）锅中留少许油，下姜、蒜末炒香后加入豆瓣酱和泡椒炒香出色。加入适量鲜汤，少许白糖和醋调底味，待沸腾后加入炸好的鲫鱼，改中小火慢烧至水分剩余三分之一时把鱼完整捞出放置盘中。

图 3-1-3

（3）锅中汁水控去料渣，味精调味，水淀粉勾米汤芡，加入少许热油搅匀，浇于鱼表面，撒上葱花成菜。（图3-1-4）

图3-1-4

3 成菜特点

鱼形完整、色泽红亮、咸鲜微辣、质地细嫩。

四 成菜技术要点

1. 炸鱼的油温控制得当，保持鱼形完整。
2. 注意豆瓣使用量，调味得当。
3. 芡汁浓度适宜，浇汁均匀。

五 知识拓展

郫县豆瓣

郫县豆瓣是四川省成都市郫都区（旧称郫县）的特产，也是中国地理标志产品。郫县豆瓣是中国顶尖调味料之一，其在选材与工艺上独树一帜，香味醇厚却未加香料，全靠精细的加工技术和原料的优良达到色、香、味俱佳的效果。郫县豆瓣具有辣味重、鲜红油润、辣椒块大、回味香甜的特点，是川味食谱中常用的调味佳品，有"川菜之魂"之称。其制作技艺被列入第二批国家级非物质文化遗产名录。

任务二

干烧鱼 渝川

菜肴简介

干烧鱼，四川传统名菜。其主料多选用新鲜鲤鱼或鲫鱼。烹制方法为先煎后烧，其成菜特点是香辣鲜美、鱼肉酱味浓郁、芡汁均匀、色泽红亮。

课程任务

✕（一）任务目标

1. 熟悉干烧鱼的制作步骤。

2. 掌握干烧鱼的制作要领。

3. 掌握干烧鱼的成菜特点。

✕（二）任务重点

1. 鱼的宰杀、清洗和刀工处理。

2. 炸鱼的温度控制和色泽控制。

3. 干烧的工艺流程。

✕（三）任务难点

鱼形完整，鱼肉入味，收汁亮油。

三 任务实施

✖（一）原料构成与准备（图3-2-1）

🥩 **主料**：鲫鱼600g。

🥦 **辅料**：猪肥膘100g，大葱20g，大蒜 10g，姜5g。

🧂 **调料**：盐、味精、料酒、淀粉、色拉 油、胡椒粉、豆瓣酱适量。

图 3-2-1

✖（二）烹调加工成菜步骤

1 原料处理加工阶段（图3-2-2）

（1）大葱去根洗净切葱段。

（2）姜、蒜去皮洗净切成粒备用。

（3）鲫鱼去鳞、去鳃、去内脏洗净，背部剞十字花刀，加料酒、盐、葱、姜、胡椒粉腌制10分钟左右备用。

（4）猪肥膘切成大小1 cm左右的丁备用。

图 3-2-2

② 菜肴烹调过程

（1）锅置火上，加入适量色拉油，待油温升至7成左右，擦干鱼表面水分下油锅炸至表皮金黄捞出控油。（图3-2-3）

图3-2-3

（2）锅中加少许油，将猪肥膘炒至肉质收缩表面金黄，加入蒜、姜炒香出味，下豆瓣酱炒香出色，加葱段煸炒出香味，烹入料酒，加入适量清水烧沸，加味精。放入炸好的鱼，改小火烧收汁，捞出鱼装盘，配菜捞出摆到周边，淋上油汁成菜。（图3-2-4）

图3-2-4

③ 成菜特点

肉质酥香、颜色红亮、香辣鲜美、风味独特。

四 成菜技术要点

1. 对干烧要点的掌握。
2. 干烧鱼见油不见汁。
3. 注意干烧的调味控制。

五 知识拓展

干烧工艺

　　干烧和红烧相似，都是加入基本的调味以及汤汁，烧至食材成熟入味。不同点在于干烧不用水淀粉收汁，而是在烧制的过程中用中火将汤汁基本收干，使滋味渗透食材的内部或者是黏附在食材表面。干烧菜品的要求：色泽金黄、滋味醇厚、质地细嫩、鲜香味美、成菜见油不见汁。

任务三

菜肴简介

松鼠鱼，全国各大菜系均有此菜品。该菜品多以草鱼、鳜鱼等为主要材料，因形似松鼠而得名。菜品色泽鲜艳、鲜嫩酥香、酸甜适口。

课程任务

✕（一）任务目标

1. 熟悉松鼠鱼的制作步骤。
2. 掌握松鼠鱼的制作要领。
3. 掌握松鼠鱼的成菜特点。

✕（二）任务重点

1. 松鼠形剞刀法。
2. 茄汁糖醋味的调制。
3. 炸制温度的把控。

✕（三）任务难点

1. 松鼠形剞刀法。
2. 茄汁糖醋味勾芡淋汁。

三 任务实施

✕（一）原料构成与准备（图 3-3-1）

🍖 **主料：** 草鱼1000g。

🥦 **辅料：** 大葱30g，姜30g。

🧂 **调料：** 番茄酱100g，白糖50g，白醋20g，盐10g，料酒、淀粉、胡椒粉、色拉油适量。

图 3-3-1

✕（二）烹调加工成菜步骤

1 原料处理加工阶段

（1）大葱去根、去老叶，洗净切段拍破，姜去皮洗净，拍破放置于汤盆中，加适量水、料酒、盐、胡椒粉备用。

（2）将草鱼宰杀去鳞、去腮、去内脏洗净，取下带皮净肉部位，去除排刺，鱼头取下嘴颚作为"松鼠头"，清水漂洗干净血水。

（3）净鱼肉双直刀剞至鱼皮放入汤盆中浸泡码味备用。（图 3-3-2）

图 3-3-2

2 菜肴烹调过程

（1）拍粉：取出鱼肉吸干表面水分，置于干淀粉中充分裹匀，抖去多余淀粉待用。

（2）锅置火上，下油升温至6成，下鱼肉和"松鼠头"炸至定型捞出。待油温重新升高至7成左右，下鱼肉复炸至表面金黄捞出控油摆盘成松鼠形待用。（图 3-3-3）

图 3-3-3

（3）炙锅下油，加入番茄酱炒翻砂，加入适量清水，加白糖充分融化，少许盐调味，再加入适量白醋调酸味，水淀粉勾芡成米汤芡，冲入热油充分融合后起锅浇于"松鼠身"即可成菜。（图3-3-4）

图3-3-4

③ 成菜特点

色泽红亮、外酥里嫩、酸甜味浓、形似松鼠。

四 成菜技术要点

1. 剞刀的深浅和宽度均匀一致。
2. 现拍粉现炸，避免吸附过厚的淀粉。
3. 定型与复炸的油温控制恰当。

五 知识拓展

松鼠花刀

松鼠花刀是运用直刀法在原料表面切割具有一定深度刀纹的方法，适用于较厚原料。直剞条纹短于原料本身的厚度，呈放射状，挺拔有力。

糖醋脆皮鱼

菜肴简介

糖醋脆皮鱼是四川省乐山市的一道传统美食，是在乐山的"香炸鱼"的基础上，研制而成。其成品皮脆香、肉鲜嫩、鲜香醇厚、糖醋味浓。

课程任务

※（一）任务目标

1. 熟悉糖醋脆皮鱼的制作步骤。
2. 掌握糖醋脆皮鱼的制作要领。
3. 掌握糖醋脆皮鱼的成菜特点。

※（二）任务重点

1. 鱼的宰杀和菜肴刀工处理。
2. 茄汁糖醋味的调制。
3. 炸制温度的把控。
4. 浆糊的调制。

※（三）任务难点

菜肴炸制的成型工艺。

三 任务实施

❖（一）原料构成与准备（图3-4-1）

🥩 **主料**：草鱼600g。

🥦 **辅料**：大葱50g，面粉100g，鸡蛋50g，红椒10g。

🧂 **调料**：姜、蒜、盐、冰糖、白糖、保宁醋、料酒、淀粉、胡椒粉、色拉油适量。

图3-4-1

❖（二）烹调加工成菜步骤

① 原料处理加工阶段

（1）草鱼粗加工：宰杀清洗干净（去鱼鳞、去鱼鳃、去内脏、去内膜）。

（2）大葱、红椒切细丝，用清水浸泡，姜、蒜去皮剁成末备用。

（3）草鱼改刀，直刀切到鱼骨后斜刀改1cm左右，加入葱、姜、料酒、盐、胡椒粉码味。（图3-4-2）

图3-4-2

② 菜肴烹调过程

（1）淀粉与面粉按3∶1的比例加鸡蛋调成糨糊待用。

（2）把改刀好的草鱼吸干表面水分挂糊裹均匀待用。（图3-4-3）

图3-4-3

（3）置锅加油，待油温升至 7 成左右，下草鱼炸至表面金黄酥脆捞出控油放于盘中。（图 3-4-4）

图 3-4-4

（4）锅中留少许油，加冰糖炒糖色待用。

（5）炙锅下油，下姜、蒜末炒香出味，倒入适量糖色，加入白糖、盐、保宁醋调味，淀粉勾芡，最后亮油浇于摆好盘的鱼上，用葱丝、红椒丝点缀成菜。（图 3-4-5）

图 3-4-5

③ 成菜特点

外酥里嫩、酸甜咸鲜、色泽红亮。

四 成菜技术要点

1. 剞刀贴紧鱼骨下刀成厚片。

2. 挂糊浓稠度恰当，挂糊均匀。

3. 油温的控制要精准，太低脱浆，太高易糊。

五 知识拓展

炸制工艺

炸是指将切配成形的原料，经调味再挂糊拍粉，入热油锅炸至外香脆、里鲜嫩，然后浇淋或粘裹茨汁成菜的烹调方法。炸制菜肴具有外香脆、里鲜嫩的特点。

任务五

茄汁菊花鱼

菜肴简介

茄汁菊花鱼，四川传统菜，将鱼通过刀工处理，取肉，改菊花花刀。其成菜特点：造型美观、酸甜适中、色泽红亮、营养丰富。

课程任务

（一）任务目标

1. 熟悉茄汁菊花鱼的制作步骤。

2. 掌握茄汁菊花鱼的制作要领。

3. 掌握茄汁菊花鱼的成菜特点。

（二）任务重点

1. 菊花形剞刀法。

2. 茄汁糖醋味的调制。

3. 炸制温度的把控。

（三）任务难点

1. 菊花剞刀法。

2. 茄汁糖醋味勾芡淋汁。

三 任务实施

✕（一）原料构成与准备（图3-5-1）

🥩 **主料**：草鱼1000g。

🥦 **辅料**：大葱30g，姜30g。

🧂 **调料**：番茄酱100g，白糖50g，白醋20g，盐、料酒、淀粉、胡椒粉、色拉油适量。

图3-5-1

✕（二）烹调加工成菜步骤

① 原料处理加工阶段

（1）大葱去根、去老叶，洗净拍破切段，姜去皮，洗净拍破放置于汤盆中，加水、料酒、盐、胡椒粉备用。

（2）将草鱼宰杀去鳞、去腮、去内脏洗净，取下带皮净肉部位，去除排刺。

（3）净鱼肉剞十字花刀，改刀为5cm的大块，放入汤盆中浸泡码味备用。（图3-5-2）

图3-5-2

② 菜肴烹调过程

（1）拍粉：取出鱼肉吸干表面水分，置于干淀粉中充分裹匀，抖去多余淀粉待用。（图3-5-3）

（2）锅置火上，下油至油温升至6成，鱼下锅炸至定型捞出。重新加热，待油温升至7成左右复炸至表面金黄捞出控油摆盘待用。

图3-5-3

（3）炙锅下油，加入番茄酱炒翻砂，加入适量清水，加白糖充分融化，加少许盐调味，再加入适量白醋调酸味，水淀粉勾芡成米汤芡，冲入热油充分融合后起锅浇于鱼花即可成菜。（图3-5-4）

图3-5-4

③ 成菜特点

色泽红亮、外酥里嫩、酸甜味浓、形似菊花。

四 成菜技术要点

1. 剞刀的深浅和宽度均匀一致。
2. 现拍粉现炸，避免吸附过厚的淀粉。
3. 定型与复炸的油温控制恰当。

五 知识拓展

茄汁味型

茄汁味是川菜融合并发展的味型之一，具有甜酸适口、茄汁味浓的特色，并且适宜与其他复合味配合，佐酒用饭，四季均宜。是一种具有甜酸爽口特点的味型。

任务六

 香辣虾 渝川

菜肴简介

香辣虾，是一道汁浓、麻辣味浓的川菜名菜。通常由虾、土豆、香芹、花生米等主料制作而成。精髓在于虾肉紧实、脆爽，炒制时可以添加自己喜欢的食材，成菜味道鲜美、色泽鲜艳，让人回味无穷。

课程任务

✂（一）任务目标

1. 熟悉香辣虾的制作步骤。

2. 掌握香辣虾的制作要领。

3. 掌握香辣虾的成菜特点。

✂（二）任务重点

1. 鲜虾的刀工处理和虾线处理。

2. 虾过油的温度把控。

3. 菜肴调味。

✂（三）任务难点

菜肴香辣味调味。

三 任务实施

✕（一）原料构成与准备（图3-6-1）

🥩 主料：基围虾300g。

🥦 辅料：西芹50g，干辣椒30g，小葱 10g。

🧂 调料：姜、蒜、香辣酱、豆瓣酱、盐、鸡精、味精、料酒、白糖、胡椒粉、淀粉、熟白芝麻、色拉油适量。

图3-6-1

✕（二）烹调加工成菜步骤

1 原料处理加工阶段（图3-6-2）

（1）西芹去叶、去筋洗净切5cm长的段，干辣椒切段，小葱洗净切葱段，姜、蒜去皮洗净切指甲片形备用。

（2）鲜虾去虾须，背部开刀去除虾线，洗净加盐、胡椒粉、葱、姜、料酒码味备用。

图3-6-2

2 菜肴烹调过程

（1）锅置火上，下油待油温升至7成，码味的虾加入适量干淀粉抓匀，下锅炸至外酥里嫩起锅控油待用。（图3-6-3）

图3-6-3

（2）锅中加入适量色拉油，下干辣椒炒香呈棕红色，下姜、蒜末炒香出味，加入香辣酱和豆瓣酱炒香出味出色，下炸好的虾和西芹翻炒均匀，烹入适量料酒增香，加入鸡精、味精、白糖调味翻炒均匀，撒上白芝麻和葱段翻炒起锅装盘成菜。（图3-6-4）

图3-6-4

③ 成菜特点

香辣入味、肉质酥香鲜嫩。

四 成菜技术要点

1. 鲜虾码味底味适宜。

2. 炸制温度控制恰当。

3. 鲜虾背部开刀，菜肴入味。

五 知识拓展

香辣味型

香辣味是中餐、西餐调味中均经常使用的一种味型，主要是由咸、辣、酸、甜味调和而成，主要用于以家禽、家畜、水产、豆制品及块茎类鲜蔬等为原料的菜品中。

香辣味型在我国是以四川及湖南等地为核心，广泛用于南方地区，在冷、热菜式中均有使用，其口味特点主要体现为香浓微辣、鲜咸纯厚，不同的菜肴风味各异，或略带回甜，或略带回酸，或香辣浓郁、鲜咸纯厚。香辣味主要来源于各种辣椒类调味品，如：四川郫县豆瓣酱、元红豆瓣、泡红辣椒、香港李锦记豆瓣辣酱、香港李锦记蒜末辣酱、桂林辣椒酱、干红辣椒末、红辣椒粉、干辣椒、糊辣油、红油辣椒、红辣椒油、青红尖辣椒、野山椒，以及市场上出售的香辣味复合型调味品。

任务七·

菜肴简介

干锅虾,是以大虾、猪里脊、五花肉等为主料制作而成,属于川菜系。其成菜特点:
滋味浓郁、香辣适口。

课程任务

✕(一)任务目标

1. 熟悉干锅虾的制作步骤。

2. 掌握干锅虾的制作要领。

3. 掌握干锅虾的成菜特点。

✕(二)任务重点

1. 鲜虾的刀工处理和虾线处理。

2. 辅料的规格和刀工处理。

3. 虾过油的温度把控。

✕(三)任务难点

菜肴香辣味调味。

三 任务实施

※（一）原料构成与准备（图3-7-1）

📖 主料：基围虾300g。

🥦 辅料：西芹50g，莲藕100g，洋葱50g，黄瓜100g。

🧂 调料：姜、蒜、干辣椒、干花椒、香辣酱、豆瓣酱、火锅底料、盐、味精、料酒、白糖、胡椒粉、淀粉、白芝麻、色拉油适量。

图3-7-1

※（二）烹调加工成菜步骤

1 原料处理加工阶段（图3-7-2）

（1）西芹去叶、去筋，洗净切5cm长的段；莲藕去皮洗净，改一指条漂洗干净；黄瓜洗净改一指条；洋葱洗净切块；干辣椒切段控籽；姜、蒜去皮洗净切指甲片形备用。

（2）鲜虾去虾须、虾腔，背部开刀去除虾线，洗净加盐、胡椒粉、葱、姜、料酒码味备用。

图3-7-2

② 菜肴烹调过程

（1）锅置火上，下油待油温升至7成，土豆加入适量干淀粉，下锅炸至外酥内嫩捞出控油。重新加热待油温升至7成，加入藕条炸断生起锅控油。再次把油温升高至7成，将码味的虾加入适量干淀粉抓匀，下锅炸至外酥里嫩起锅控油待用。

（2）锅中加入适量色拉油，下干辣椒炒香呈棕红色，加入干花椒炸香，下姜、蒜末炒香出味，加入香辣酱、豆瓣酱、少许火锅底料炒香出味出色，部分洋葱和西芹下锅炒断生，下炸好的主辅料翻炒均匀，烹入适量料酒增香，加入味精、白糖、盐调味翻炒均匀，撒上白芝麻翻炒均匀。（图3-7-3）

图 3-7-3

（3）取一只干锅，锅底加豆芽和洋葱打底，把炒好的主辅料盖到表面，点上石蜡小火慢煨成菜。

③ 成菜特点

麻辣干香、外酥里嫩。

四 成菜技术要点

1. 鲜虾开背处理虾线。
2. 调味要适宜。

五 知识拓展

┌─── 干锅工艺 ───┐

干锅，川菜的制作方法之一，起源于川北。最先，干锅菜的形式是在厨房里将菜炒好，装入生铁锅中再上桌食用。为了避免菜肴冷却后影响口感，就用小火加热保温，并用木铲铲动，防止粘锅。后来，干锅菜逐渐演变成将主料食完后，再利用剩余的汤汁（或加汤）烫食其他原料或由厨师加入其他原料加工好后食用，其口味麻辣鲜香。与火锅和汤锅相比，干锅汤少，味更足，不需要自行点菜，可直接食用。

任务八

干煸鳝丝

一 菜肴简介

干煸鳝丝，是一道传统川菜。主料多选用新鲜鳝鱼，其成菜特点：色泽红亮、鲜香味浓、酥软化渣。

二 课程任务

✕（一）任务目标

1. 熟悉干煸鳝鱼丝的制作步骤。

2. 掌握干煸鳝鱼丝的制作要领。

3. 掌握干煸鳝鱼丝的成菜特点。

✕（二）任务重点

1. 鳝鱼丝的刀工成型规格。

2. 干煸火候大小的控制。

3. 菜肴调味工艺。

✕（三）任务难点

干煸火候大小的控制和成菜质量把控。

三 任务实施

✖ （一）原料构成与准备（图 3-8-1）

🥩 **主料**：鳝鱼200g。

🥦 **辅料**：白芹50g，干辣椒15g。

🧂 **调料**：姜、蒜、盐、味精、白糖、料酒、色拉油、酱油、干花椒、花椒面适量。

图 3-8-1

✖ （二）烹调加工成菜步骤

1 原料处理加工阶段（图3-8-2）

（1）白芹去根洗净切段备用。

（2）干辣椒切丝，姜、蒜切丝备用。

（3）黄鳝杀好去骨，洗净血水改刀为二粗丝，用料酒、葱姜水、盐码味备用。

图 3-8-2

2 菜肴烹调过程

（1）炙锅下油待油温升至6成，下干花椒炒香，倒入鳝鱼丝煵炒至肉质紧缩出味。

（2）烹饪料酒增香，下姜、蒜丝炒香出味。

（3）加干辣椒一起煵炒出香味，然后加入芹菜翻炒均匀，加入酱油、白糖、味精调味翻炒。

（4）撒入适量花椒面继续翻炒均匀即可出锅装盘成菜。（图 **3-8-3**）

图 3-8-3

3 成菜特点

麻辣酥香、色泽红亮、鲜香味浓、酥软化渣。

四 成菜技术要点

1. 鳝鱼丝粗细均匀。
2. 煸炒火候控制恰当。
3. 干辣椒丝要煸炒出干香味。

五 知识拓展

鳝鱼初加工

　　因为鳝鱼长期生活在沼泽、淤泥或比较肥沃的水域里，故其腥味较重。在购买以及处理时应注意以下几个方面：在采购时应选鲜活的鳝鱼，死的不能用，一是有毒，二是腥味较重；购进的鳝鱼应用清水加一点菜籽油饲养2—3天，让其吐尽腹内的残食和粪便，减少部分腥味；在烹制前应当天杀当天烹饪，隔夜的鳝鱼腥味也较重；在烹制前应先用加了姜、葱、料酒的沸水汆水，出锅控净水分再过油。鳝鱼菜味型一般都较辛辣或比较浓厚。

任务九

椒盐虾

一 菜肴简介

椒盐虾是一道色香味俱全的名肴，主料是鲜虾。菜品口味焦香咸辣，肉质软嫩鲜美。此菜选鲜活中虾，不必去壳。

二 课程任务

✕（一）任务目标

1. 熟悉椒盐虾的制作步骤。

2. 掌握椒盐虾的制作要领。

3. 掌握椒盐虾的成菜特点。

✕（二）任务重点

1. 鲜虾的刀工处理，鱼虾线处理。

2. 过油的油温控制。

3. 椒盐的制作。

✕（三）任务难点

菜肴制作火候与调味。

三 任务实施

（一）原料构成与准备（图3-9-1）

🥩 **主料**：基围虾300g。

🥦 **辅料**：青椒5g，红椒5g，小葱5g。

🧂 **调料**：姜、蒜、盐、味精、料酒、干花椒、干辣椒、淀粉、色拉油适量。

图3-9-1

（二）烹调加工成菜步骤

① 原料处理加工阶段（图3-9-2）

（1）锅置火上，加盐、干辣椒、干花椒炒香出锅，待冷却舂成椒盐料备用。

（2）青椒、红椒去籽切小颗粒，小葱去根、去老叶洗净切葱花，姜、蒜去皮洗净剁成姜、蒜末。

（3）基围虾去头须，开背去虾线洗净，加料酒、葱、姜、盐码味备用。

图3-9-2

② 菜肴烹调过程

（1）锅置火上，下足量油待油温升至7成，基围虾加适量干淀粉搅拌均匀，下锅炸至壳酥肉嫩起锅控油待用。

（2）锅中加入适量色拉油，下姜、蒜末和青、红椒颗粒炒香出味，倒入炸好的虾翻炒，加味精、自制椒盐调味，待翻炒均匀出锅装盘撒上葱花成菜。（**图3-9-3**）

图3-9-3

③ 成菜特点

鲜香酥脆、椒香味浓。

四 成菜技术要点

1. 鲜虾的处理工艺正确。

2. 炸制前加干淀粉，油温控制恰当。

3. 调味适宜。

五 知识拓展

椒盐味型

　　椒盐味型的特点是香麻且咸，多用于热菜，以川盐、花椒调制而成。调制时盐需要炒干水分，舂为极细粉状，花椒需要炕香，亦舂为细末。花椒末与盐按1：4的比例配制，现制现用，不宜久放，以防止其香味挥发，影响口感。椒盐味型的菜肴也有很多，其应用范围主要是以鸡、猪、鱼等肉类为原料的菜肴。

任务十

泡椒牛蛙

菜肴简介

泡椒牛蛙，传统江湖菜。是以新鲜牛蛙、老坛泡椒、大葱等为原料制成的菜品，其成菜特点色泽诱人、泡椒浓郁、美味鲜嫩。

课程任务

（一）任务目标

1. 熟悉泡椒牛蛙的制作步骤。

2. 掌握泡椒牛蛙的制作要领。

3. 掌握泡椒牛蛙的成菜特点。

（二）任务重点

1. 牛蛙的宰杀工艺。

2. 炸烧工艺对火候和油温的控制。

3. 调味与勾芡。

（三）任务难点

牛蛙肉质嫩度把控。

三 任务实施

✂（一）原料构成与准备（图3-10-1）

🍖 **主料：** 牛蛙500g。

🥦 **辅料：** 青泡椒100g，红泡椒80g，西芹30g，泡姜20g，大葱20g。

🧂 **调料：** 大蒜、姜、豆瓣酱、酱油、盐、味精、料酒、醋、干花椒、淀粉、胡椒粉、色拉油适量。

图 3-10-1

✂（二）烹调加工成菜步骤

① 原料处理加工阶段（图3-10-2）

（1）西芹去筋、去叶洗净切二粗丝，大葱去根、去老叶洗净切成段，姜、蒜去皮洗净切指甲片形备用。

（2）牛蛙宰杀去头、去皮、去内脏洗净斩成块，加入适量盐、胡椒粉、料酒码味，干淀粉上浆备用。

（3）青泡椒切节，红泡椒去籽对半切，泡姜切成姜丝备用。

图 3-10-2

② 菜肴烹调过程

（1）锅置火上，下油烧至7成，将牛蛙下锅炸至紧皮定型捞起控油备用。

（2）锅中留少许油升温，加入大蒜、干花椒炸香后加泡椒、泡姜炒香出味，加入少许豆瓣酱炒香出色，烹入料酒，加适量清水，烧沸后放入酱油、醋调味，放入牛蛙小火慢煮3分钟，待水分余三分之一时加入西芹推转均匀，味精调味，水淀粉勾芡，下大葱推转均匀起锅装盘成菜。（图3-10-3）

图 3-10-3

③ 成菜特点

色泽红亮、肉质鲜嫩、咸鲜微辣、泡椒味浓郁。

四 成菜技术要点

1. 牛蛙易熟，需精准把控烧制时间。

2. 豆瓣酱、泡姜、泡椒使用量适宜。

五 知识拓展

牛蛙的初加工方法

先将牛蛙摔昏或用刀背将其敲昏，然后从颈部下刀开口，沿刀口剥去外皮，剖开腹部，摘除内脏（肝、心、油脂可留用），然后用清水洗净。加工的一般程序是：摔昏或击昏→剥皮→剖腹→内脏整理→洗涤。也有一些菜肴不需去皮，如爆炒牛蛙、八宝牛蛙等，但需要用盐搓揉表皮，再用清水冲洗干净。

任务十一

锅巴鱿鱼

菜肴简介

锅巴鱿鱼是在传统名菜三鲜锅巴的基础上变化而来。其特点是锅巴酥脆、三鲜滑嫩、口味味醇鲜香、咸鲜微辣。其本来属于川菜，后来因其主要的辅料只有海鲜、猪肉、鲜蘑、冬笋，所以也被吸收到北方菜中。锅巴鱿鱼口感独特、鲜香酥脆、味道清淡、回味绵长，因此一直以来深受人们喜爱。

课程任务

✕（一）任务目标

1. 熟悉锅巴鱿鱼的制作步骤。

2. 掌握锅巴鱿鱼的制作要领。

3. 掌握锅巴鱿鱼的成菜特点。

✕（二）任务重点

1. 原料的选择与刀工处理工艺。

2. 调味与勾芡。

✕（三）任务难点

调味与勾芡。

三 任务实施

✕（一）原料构成与准备（图 3-11-1）

🍖 **主料**：鱿鱼300g。

🥦 **辅料**：猪心30g，猪舌30g，香菇10g，菜心10g，青笋10g，胡萝卜10g，米锅巴1个。

🧂 **调料**：姜、蒜、大葱、盐、味精、料酒、白糖、淀粉、胡椒粉、色拉油适量。

图 3-11-1

✕（二）烹调加工成菜步骤

❶ 原料处理加工阶段（图3-11-2）

（1）猪心清水浸泡去除血水，猪舌开水烫洗去除舌苔。锅置火上，加入足量清水，加适量姜、葱、料酒、胡椒粉，放入猪心和猪舌煮透捞出凉置切片备用。

（2）青笋和胡萝卜去皮洗净切菱形片，香菇去梗洗净切片，姜、蒜去皮洗净切片备用。

（3）鱿鱼改麦穗花刀焯水备用。

（4）菜心洗净备用。

图 3-11-2

2 菜肴烹调过程

（1）炙锅下油，下姜、蒜片爆香，加入适量清水，依次倒入主辅料煮至出香味，调味，勾芡，起锅装碗待用。

（2）洗锅，加入色拉油升温至 6 成左右，下锅巴炸至金黄酥脆捞出，将烧好的鱿鱼三鲜浇于锅巴上即可成菜。（图 3-11-3）

图 3-11-3

3 成菜特点

咸鲜爽口、锅巴酥脆。

四 成菜技术要点

1. 猪心、猪舌的处理方式恰当。
2. 勾芡浓度适宜。
3. 锅巴趁热浇鱿鱼三鲜。

五 知识拓展

三鲜

三鲜是指由三种及以上鲜美原料烹制而成的菜肴，三鲜原料可荤可素，可作主料又可作辅料。用三种海鲜原料，如鱿鱼、海参、花胶等，就称为"海三鲜"；用三种蔬菜原料，如冬笋、竹荪、香菇等，则叫"素三鲜"。川菜中一般常用的"三鲜"为鸡肉、火腿、冬笋三样，通常在烹调中对三鲜并没有固定的套路或规定，只要符合"鲜美"的特性均可。

模块四 其他类菜肴

渝味川菜

任务一

麻婆豆腐

菜肴简介

麻婆豆腐，四川地区传统名菜，历史悠久。相传，从前在成都万福桥边，有一家原名"陈兴盛饭铺"的店面，女老板面上微麻，人称"陈麻婆"。陈氏对烹制豆腐有一套独特的烹饪技巧，烹制出的豆腐色香味俱全，深得人们喜爱，她创制的烧豆腐，则被称为"陈麻婆豆腐"，其饮食小店后来也以"陈麻婆豆腐店"为名。

课程任务

✕（一）任务目标

1. 熟悉麻婆豆腐的制作步骤。

2. 掌握麻婆豆腐的制作要领。

3. 掌握麻婆豆腐的成菜特点。

✕（二）任务重点

1. 麻辣味的调制。

2. 成菜形状完整。

3. 菜肴勾芡。

✕（三）任务难点

菜肴勾芡浓度的把控。

三 任务实施

✕（一）原料构成与准备（图4-1-1）

🍖 **主料**：板豆腐300g。

🥦 **辅料**：牛瘦肉50g，蒜苗10g。

🧂 **调料**：姜、蒜、豆豉、豆瓣、辣椒粉、盐、花椒面、料酒、白糖、鲜汤、淀粉适量。

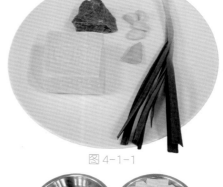

图4-1-1

✕（二）烹调加工成菜步骤

1 原料处理加工阶段（图4-1-2）

（1）豆腐切成 2 cm 见方的丁。

（2）牛瘦肉剁成肉末。

（3）将豆豉、豆瓣剁碎，蒜苗切蒜花。

（4）姜、蒜去皮洗净剁成末备用。

图4-1-2

2 菜肴烹调过程

（1）锅中加水、盐、料酒，倒入豆腐焯水，去除豆腥味，捞出用清水浸泡。

（2）炙锅下油把牛肉末倒入锅中，炒散后烹入料酒，加入少许盐调味，炒至水干吐油酥香备用。

（3）锅中下油，下姜、蒜末，下豆瓣、豆豉、辣椒粉炒香出色，烹入料酒，下鲜汤（试味），加白糖调味，下豆腐，用小火烧 3 分钟左右，待水分快干时，勾入淀粉，下蒜苗、肉末推转起锅，装入盘中，撒上花椒面即可。（图 4-1-3）

图4-1-3

·3·成菜特点

色泽红亮，麻、辣、烫、鲜、嫩。

四 成菜技术要点

1. 豆腐要焯水处理，去除豆腥味。
2. 正确的操作手法，忌搅、压。
3. 勾芡时分多次均匀勾入。
4. 肉末和蒜苗在起锅前放入即可，不需要搅散。

五 知识拓展

芡汁分类

芡汁根据浓度不同，可分为浓芡、糊芡、流芡、二流芡、米汤芡、玻璃芡、奶汤芡。

浓芡：也叫包芡，一般用于爆炒方法烹调的菜肴，目的是使芡汁全包到原料上，适用于扒或爆炒菜，如鱼香肉丝和炒腰花等都是用浓芡，吃完菜后盘底基本不留卤汁。

糊芡：此芡汁能使菜肴汤汁成为薄糊状，一般用于熘菜、焖菜、烩菜或调汤制羹，如糖醋排骨等。它的作用是把菜肴的汤汁变成糊状，达到汤菜融合且口味滑柔的效果。

流芡：粉汁较稀，一般用于大型或整体的菜肴，其作用是增加菜肴的滋味和光泽。一般是在菜肴装盘后，再将锅中卤汁加热勾芡，然后浇在菜肴上，一部分沾在菜上，一部分呈琉璃状态，食后盘内可剩余部分汁液。

二流芡：这种半流体的芡汁多用于烧、烩、羹汤之类的菜肴，如麻婆豆腐、豆瓣鱼、家常蹄筋等。

米汤芡：米汤芡又称清二流芡，成菜芡汁如米汤状，多用于烩、白烧类菜肴，如金钩棒菜、金钩菜头、干贝葵菜等。

玻璃芡：指晶莹且呈流体的浆汁状芡汁。玻璃芡淋在菜肴上呈光洁明亮的玻璃状，适用于一些造型美观、色彩丰富的菜肴，如一品素烩、三元白汁鸡等菜肴。

奶汤芡：是芡汁中最稀的，又称薄芡。一般用于烩烧的菜肴，如清蒸鱼、虾仁锅巴等。目的是使菜肴汤汁略微变得稠些，但不必粘住原料，一些清淡口味的菜肴使用此芡。

任务二

油渣莲白

一 菜肴简介

　　油渣莲白，四川传统菜。油渣莲白是选用新鲜莲白以及猪油渣炒制而成，适宜配饭使用。

二 课程任务

✕（一）任务目标

1. 熟悉油渣莲白的制作步骤。

2. 掌握油渣莲白的制作要领。

3. 掌握油渣莲白的成菜特点。

✕（二）任务重点

1. 油渣的制作。

2. 炒制菜肴的火候控制。

3. 咸鲜调味。

✕（三）任务难点

急火快炒的火候控制。

三 任务实施

✕（一）原料构成与准备（图 4-2-1）

🥩 主料：莲白600g。

🥦 辅料：猪板油200g。

🧂 调料：盐、味精、淀粉、料酒、菜籽油适量。

图 4-2-1

✕（二）烹调加工成菜步骤

1 原料处理加工阶段（图4-2-2）

（1）莲白手撕成片洗净控水备用。

（2）猪板油切成 3 cm 左右的粒备用。

图 4-2-2

2 菜肴烹调过程

（1）锅置火上，加入适量清水烧沸，倒入猪板油粒和适量料酒汆水，去除部分油腥味，水沸后打去浮沫控水待用。

（2）炙锅下油、控油，倒入猪板油粒，小火煸炒出油，烹入适量料酒。

（3）锅中留少许猪油，加入适量菜籽油升温至 5 成，倒入莲白改大火翻炒至断生，加盐、味精调味翻炒均匀至 7 成熟，勾入少量水淀粉，下油渣快速翻炒均匀出锅装盘成菜。（图 4-2-3）

图 4-2-3

③ 成菜特点

滋香脆爽、油渣酥香、油香味浓、锅气浓郁、色彩翠绿。

四 成菜技术要点

1. 猪板油控油恰当，忌熬糊。
2. 急火短炒，快速起锅。

五 知识拓展

油渣的制作

正宗的油渣是用猪腹部的网油制成的。将猪网油切丁，放在锅中直接加热，加入蚝油后捞出晾凉。在油渣莲白这道菜肴中，油渣作为配料，为菜肴提供了更加丰富的口感，与莲白的清香结合，搭配适宜，营养更加丰富。

任务三

肉末茄子

菜肴简介

　　肉末茄子，四川传统家常菜。是一道源于达州市，以茄子和猪肉为主要食材，大蒜、红椒、香葱、油、黄豆酱等为辅料制作而成的家常菜。

课程任务

✕（一）任务目标

1. 熟悉肉末茄子的制作步骤。
2. 掌握肉末茄子的制作要领。
3. 掌握肉末茄子的成菜特点。

✕（二）任务重点

1. 花刀工艺。
2. 炒制菜肴的火候控制。
3. 咸鲜调味。

✕（三）任务难点

火候的控制与勾芡浓度控制。

三 任务实施

✕（一）原料构成与准备（图 4-3-1）

🥩 **主料：**茄子800g。

🥦 **辅料：**前夹肉150g。

🧂 **调料：**小葱、姜、蒜、料酒、酱油、蚝油、味精、色拉油、淀粉、郫县豆瓣适量。

图 4-3-1

✕（二）烹调加工成菜步骤

1 原料处理加工阶段（图4-3-2）

（1）茄子洗净去梗和茄衣对半切，破皮改十字花刀，切块清水浸泡备用。

（2）小葱去老叶和根洗净，切葱花备用。

（3）姜、蒜去皮洗净切姜、蒜末备用。

（4）将前夹肉切成肉末备用。

图 4-3-2

2 菜肴烹调过程

（1）炙锅下适量色拉油，加入肉末小火煸炒至松散成颗粒，烹入适量料酒，改中火煸炒至水干吐油，加酱油、蚝油调味翻炒均匀捞出控油待用。

（2）锅置火上再次加入适量色拉油，升温至7成，茄子控水挤干，倒入油锅中炸至紧皮捞出控油待用。

（3）锅中加入适量清水烧沸后加入控油的茄子，漂去多余油脂捞出控水待用。

（4）炙锅下油升温，加入姜、蒜末炒香出味，再加入少量郫县豆瓣炒香出味，加入适量清水并调底味，待汤汁沸腾后倒入茄子改中小火烧至汁水余三分之一时加入炒酥香的肉末，加入味精调味推转均匀，勾入适量水淀粉推转均匀，待淀粉充分糊化后起锅装盘，撒上葱花成菜。（图4-3-3）

图 4-3-3

③ 成菜特点

软糯可口、咸鲜微辣、色泽红亮。

四 成菜技术要点

1. 茄子表面改浅花刀，便于入味。

2. 肉末炒制控制火候，酥软鲜香。

3. 汤汁收汁适宜，菜肴清爽鲜艳。

五 知识拓展

茄子烹饪技巧

　　茄子不要用盐长时间腌制，用盐腌后茄子里面的鲜味及营养会流失，茄子的形状会变得难看，在烧茄子的时候，时间不能太短，时间太短茄子里面的茄肉不易入味。炒茄子多用猪油，猪油炒茄子可以让茄子早一点软化。

任务四

香酥藕夹 渝川

菜肴简介

香酥藕夹，四川传统菜。是利用鲜藕与五花肉制作的一道菜品，其关键技术要点在于酥脆糊的调制。香酥藕夹成菜特点：藕香浓郁、外酥内嫩、色泽金黄。

课程任务

（一）任务目标

1. 熟悉香酥藕夹的制作步骤。

2. 掌握香酥藕夹的制作要领。

3. 掌握香酥藕夹的成菜特点。

（二）任务重点

1. 挂糊工艺。

2. 炸制菜肴的火候控制。

（三）任务难点

挂糊工艺。

三 任务实施

✕（一）原料构成与准备（图 4-4-1）

🍖 主料：莲藕600g。

🥦 辅料：猪前夹肉200g。

🧂 调料：鸡蛋2个，淀粉100g，面粉50g，
脆炸粉50g，姜、葱、盐、味
精、料酒、酱油、椒盐、番茄
酱、色拉油适量。

图 4-4-1

✕（二）烹调加工成菜步骤

1 原料处理加工阶段

（1）莲藕去皮洗净，切成厚 1.5 mm 的
藕夹，漂去淀粉控水备用。

（2）猪肉切成末加入葱姜水、料酒、酱
油、盐、适量清水搅打成馅。（图 4-4-2）

（3）鸡蛋2个，淀粉 100g，面粉 50g，
脆炸粉 50g，搅拌均匀，根据实际情况加入适
量清水，少许盐调味，适量色拉油，调制成糊
备用。

图 4-4-2

（4）藕夹中间塞入适量肉馅按紧备用。（图 4-4-3）

图 4-4-3

② 菜肴烹调过程

（1）锅置火上，倒入适量色拉油，待升温至六成，藕夹均匀裹上调制好的糊，放入锅中炸至定型飘起捞出控油。

（2）待锅中色拉油再次升温至7成，倒入定型的藕夹炸至表面金黄捞出控油。

（3）取一盘子依次整齐摆放炸好的藕夹，佐以椒盐、番茄酱等成菜。（图4-4-4）

图4-4-4

③ 成菜特点

外酥里嫩、色泽金黄、鲜香脆爽。

四 成菜技术要点

1. 藕片厚薄要均匀。

2. 肉馅调制要鲜嫩。

3. 藕夹表皮要酥脆。

五 知识拓展

挂糊工艺

将淀粉、面粉、水、鸡蛋等原料的混合粉，裹附在原料的表面，这一工艺流程即是挂糊工艺。经挂糊后的原料一般采用煎、炸、烤、熘、贴的烹调方法，根据不同烹调方法挂糊的调配方法和浓度有所差异。在色泽上有金黄、淡黄、纯白等，在质感上有松、酥、软、脆等，并使外层与内部原料形成一定的层次感，如外脆内嫩、外松内软等，增加和丰富了菜品的风味。

任务五

家常豆腐 渝川)))))

菜肴简介

家常豆腐,四川传统家常菜。是一道以豆腐、猪肉作为主要食材,以豆瓣酱、白糖和酱油作为调料制作而成的老少皆宜的美味食品。其味道浓郁,含有铁、钙、磷、镁等人体必需的多种微量元素,还含有糖类、植物油和丰富的优质蛋白。此菜成本低,营养丰富,是非常适宜的家常菜。

课程任务

（一）任务目标

1. 熟悉家常豆腐的制作步骤。

2. 掌握家常豆腐的制作要领。

3. 掌握家常豆腐的成菜特点。

（二）任务重点

1. 煎制工艺。

2. 调味与勾芡工艺。

（三）任务难点

煎制工艺火候和原料颜色掌握。

三 任务实施

✕（一）原料构成与准备（图4-5-1）

🥩 **主料**：老豆腐300g。

🥦 **辅料**：蒜苗20g，五花肉100g，青椒50g，红椒30g，木耳15g。

🧂 **调料**：姜、蒜、郫县豆瓣、生抽、蚝油、味精、鸡精、色拉油、料酒、白糖、淀粉、胡椒粉适量。

图4-5-1

✕（二）烹调加工成菜步骤

① 原料处理加工阶段（图4-5-2）

（1）老豆腐切长3 cm、高5 cm、厚1 cm的三角片备用。

（2）姜、蒜去皮洗净切指甲片形，蒜苗去根、去老叶洗净切马耳形，青、红椒去籽、去梗切菱形片备用。

（3）木耳冷水涨发洗净撕成小片备用。

（4）五花肉去皮切片备用。

图4-5-2

② 菜肴烹调过程

（1）炙锅控油，下豆腐块煎至两面金黄待用。（图4-5-3）

图4-5-3

（2）锅中加入少许油，下肉片爆香出油，烹入适量料酒，加少许郫县豆瓣炒至油红亮时下姜、蒜片炒出香味。再加入适量高汤烧沸，加少量生抽、白糖、蚝油调底味，下煎好的豆腐烧开改小火慢烧至水分余一半时加入木耳和青、红椒开大火收汁，味精、鸡精、胡椒粉、淀粉调味勾芡，起锅前加入蒜苗翻炒均匀至断生起锅装盘成菜。（图 4-5-4）

图 4-5-4

③ 成菜特点

颜色金红、豆腐软香、微辣咸鲜、味浓鲜香、回味略甜。

四 成菜技术要点

1. 豆腐厚薄要均匀。
2. 豆腐两面需煎金黄，外酥里嫩。
3. 烧制时间要充足，芡汁浓度要适宜。

五 知识拓展

家常味型

家常味型，川菜常用味型之一。川菜以"家常"命味，取"居家常有"之意。咸鲜微辣，因菜式所需，或回味略甜，或回味略有醋香。广泛运用于热菜，以郫县豆瓣、盐、酱油调制而成。因不同菜肴风味所需，也可酌量加红豆瓣或泡红辣椒、料酒、豆豉、甜酱及味精。家常味的咸鲜微辣的程度，因菜而异。

任务六·

怪味花生

菜肴简介

怪味花生，四川传统菜。是利用花生为主料制作的一道菜品，适宜于佐酒。同时花生含有丰富的蛋白质、不饱和脂肪酸、维生素 E、维生素 K、钙、镁、锌、硒等营养元素，有增强记忆力、抗老化、止血、预防心脑血管疾病、减少肠癌发生的作用。其性平，味甘，入脾、经肺，具有醒脾和胃、润肺化痰、滋养调气、清咽止咳之功效。怪味花生成菜特点：花生酥脆、怪味突出、回味悠长。

课程任务

✄（一）任务目标

1. 熟悉怪味花生的制作步骤。

2. 掌握怪味花生的制作要领。

3. 掌握怪味花生的成菜特点。

✄（二）任务重点

1. 怪味的调制。

2. 白糖糊化的变化。

✄（三）任务难点

怪味的调制。

三 任务实施

✕（一）原料构成与准备（图4-6-1）

🍖 主料：花生300g。

🧂 调料：辣椒面10g、花椒面5g、白糖100g、盐2g、醋5g。

图 4-6-1

✕（二）烹调加工成菜步骤

①原料处理加工阶段（图4-6-2）

干花生盐酥凉置去皮备用。

图 4-6-2

②菜肴烹调过程

（1）锅置火上，加入适量清水，烧沸后加白糖炒融化，收汁至糖水黏稠起鱼眼泡，加入适量辣椒面、醋、花椒面、盐炒匀、炒香出味。

（2）改小火，下花生粒翻拌至裹均匀，锅离火，快速用筷子搅散至颗粒不粘连，起锅装盘凉透成菜。（图 4-6-3）

图 4-6-3

③ 成菜特点

香酥可口、甜咸麻辣。

四 成菜技术要点

1. 糖汁炒制采用水炒。

2. 汁水老嫩适宜，不稀不翻砂。

3. 根据菜肴量控制盐的使用量。

五 知识拓展

怪味味型

怪味味型，四川首创的常用味型之一，因集众味于一体，各味平衡而又十分和谐，故以"怪"字褒其味妙。怪味味型特点为咸、甜、麻、辣、酸、鲜、香并重而协调，多用于冷菜，怪味凉粉就是当中的代表作。怪味味型以盐、酱油、红油、花椒面、麻酱、白糖、醋、熟芝麻、香油、味精调制而成，也可加进姜末、蒜末、葱花。调制时，这么多种不同的调味品混在一起，比例搭配要恰当，使各种味道之间互不压制，相得益彰。

菜肴简介

蚂蚁上树，四川传统名菜。因肉末粘在粉丝上，形似蚂蚁爬在树枝上而得名。这道菜在四川省、重庆市一带，很常见。成菜特点：爽滑美味、色泽红亮、风味别致。

课程任务

✕（一）任务目标

1. 熟悉蚂蚁上树的制作步骤。

2. 掌握蚂蚁上树的制作要领。

3. 掌握蚂蚁上树的成菜特点。

✕（二）任务重点

1. 粉丝的涨发工艺。

2. 咸鲜微辣味型调味。

✕（三）任务难点

咸鲜微辣味型调味。

三 任务实施

✕（一）原料构成与准备（图4-7-1）

- 🍖 **主料：** 红苕粉200g。
- 🥦 **辅料：** 前夹肉50g，小葱5g，蒜苗5g，红泡椒15g。
- 🧂 **调料：** 姜、蒜、盐、味精、鸡精、料酒、白糖、酱油、豆瓣酱、色拉油适量。

图4-7-1

✕（二）烹调加工成菜步骤

① 原料处理加工阶段（图4-7-2）

（1）红苕粉开水浸泡涨发回软洗净沥水备用。

（2）蒜苗洗净切蒜花，小葱洗净切葱花，姜、蒜去皮洗净剁成末备用。

（3）红泡椒去籽剁成泡椒末。

（4）前夹肉去皮洗净剁成肉末备用。

图4-7-2

② 菜肴烹调过程

（1）炙锅下油，加入猪肉末炒散出油，烹入适量料酒增香，下姜、蒜末和泡椒末炒香出味，下少许豆瓣酱炒香出味出红亮色。

（2）加入粉丝炒拌均匀，下酱油、盐、味精、鸡精、白糖调味翻炒均匀，下蒜花和葱花炒拌均匀出锅装盘成菜。（图4-7-3）

图4-7-3

③ 成菜特点

粉丝软糯、肉末酥香、咸鲜微辣。

四 成菜技术要点

1. 泡发粉丝的水温要高。

2. 猪肉末要剁细，炒酥香。

3. 炒制时候火候控制恰当，不粘锅不吐水。

五 知识拓展

粉丝的处理

　　制作蚂蚁上树一般使用红薯粉，红薯粉有大量淀粉，在制作之前必须提前泡软，不然在翻炒过程中容易粘锅，影响成菜效果。

任务八

 口袋豆腐 渝川

菜肴简介

口袋豆腐，四川传统汤菜，因豆腐成菜后，用筷子提起，形如口袋而得名。口袋豆腐源于云南，兴于四川。口袋豆腐成菜特点：汤汁乳白、味咸鲜而醇香。

课程任务

（一）任务目标

1. 熟悉口袋豆腐的制作步骤。

2. 掌握口袋豆腐的制作要领。

3. 掌握口袋豆腐的成菜特点。

（二）任务重点

1. 豆腐茸的制作。

2. 口袋形炸制。

3. 鱼汤制作。

（三）任务难点

1. 豆腐茸的制作。

2. 口袋形（橄榄形）炸制。

三 任务实施

✕ (一) 原料构成与准备 (图4-8-1)

> 🥩 主料: 豆腐500g。
>
> 🥦 辅料: 猪心20g，猪舌20g，猪肚20g，玉兰20g，香菇10g，胡萝卜10g，姜5g，菜心2棵，虾米5g，小葱10g，鸡蛋1个。
>
> 🧂 调料: 盐、味精、料酒、胡椒粉、白糖、淀粉、小苏打、猪油、色拉油适量。

图4-8-1

✕ (二) 烹调加工成菜步骤

1 原料处理加工阶段 (图4-8-2)

（1）豆腐碾碎，清水浸泡，用纱布过滤，挤干水分，用密漏按挤过滤成细茸备用。

（2）姜去皮洗净切片，胡萝卜切片，玉兰切片，香菇、菜心洗净，心、舌、肚切片备用。

图4-8-2

2 菜肴烹调过程

（1）豆腐茸调制：豆腐加入少许盐搅打均匀，加入蛋清搅打发白，然后加入适量淀粉、猪油、小苏打搅打均匀静置10分钟待用。

（2）锅置火上，下油升温至6成，豆腐用勺子制成椭圆状下锅定型捞出；油温再次升高至7成，豆腐下锅炸制外酥里嫩捞出；重新升温至8成，下锅炸至表面色泽金黄，捞出控油倒入碱水中泡发回软。

图4-8-3

（3）炸好豆腐和碱水同时下锅煮至水开捞出，在热开水中多次浸泡去除碱味待用。

（4）锅中加入色拉油升温至6成油温，下姜、葱炒香出味，加入清水烧热，下心、舌、肚、香菇等辅料煮熟、调味，捞出垫底待用。

（5）锅中汤汁保持微沸，加入豆腐，菜心烫熟，起锅装入碗中成菜。（图4-8-3）

③ 成菜特点

汤鲜味浓、豆腐滑嫩、咸鲜醇香、形似口袋。

四 成菜技术要点

1. 豆腐茸的调制比例适合。
2. 炸制时的温度掌控到位。
3. "奶汤"的制作。
4. 碱味要充分漂洗干净。

五 知识拓展

咸鲜味型

咸鲜味型的特点是咸鲜清香，在冷、热菜式中运用十分广泛，常以盐、味精调制而成，因不同菜肴的风味需要，也可用酱油、白糖、香油、姜、盐、胡椒调制。调制时，需注意咸味适度，突出鲜味，并努力保持原料本身的清鲜味，白糖只起增鲜作用，需控制用量，不能过甜，香油亦仅仅是为增香，勿使用过量。

任务九

菜肴简介

姜汁豇豆，四川传统家常菜。是利用新鲜豇豆、姜制作而成，是开胃凉菜。姜汁豇豆成菜特点：豇豆脆嫩、姜味浓郁。

课程任务

✕（一）任务目标

1. 熟悉姜汁豇豆的制作步骤。

2. 掌握姜汁豇豆的制作要领。

3. 掌握姜汁豇豆的成菜特点。

✕（二）任务重点

1. 豇豆焯水成熟度。

2. 姜汁味型的调制。

✕（三）任务难点

姜汁味型的调制。

三 任务实施

X（一）原料构成与准备（图 4-9-1）

🍖 主料：豇豆200g。

🥦 辅料：老姜50g，红椒10g。

🍶 调料：盐2g，味精2g，白糖2g，
生抽10g，老抽10g，保宁
醋2g，香油适量。

图 4-9-1

X（二）烹调加工成菜步骤

① 原料处理加工阶段

（1）豇豆洗净切成 3 cm 左右的段备用。

（2）姜去皮，洗净剁成末备用。

② 菜肴烹调过程

（1）锅置火上，加入清水烧沸后下豇豆焯水，冲凉整齐摆放到盘中待用。

（2）取一只码碗，加入适量姜末、盐、味精、白糖、生抽、老抽、保宁醋、香油调成"姜汁"淋于菜肴表面成菜。（图 4-9-2）

图 4-9-2

③ 成菜特点

色泽果绿、质地脆嫩、姜汁味厚。

四 成菜技术要点

1. 豇豆焯水的处理方式恰当，色泽果绿。
2. 掌握姜汁调配比例，浅茶色为宜。

五 知识拓展

姜汁味型

姜汁味型的特点是姜味醇厚、咸鲜微辣，广泛用于冷、热菜式。姜汁味型是以盐、姜汁、酱油、味精、醋、香油调制而成，姜汁开胃，醋味解腻。

姜汁味型代表菜式：姜汁热窝肘子、姜汁热窝鸡、姜汁肚丝、姜汁腰片、姜汁豇豆、姜汁菠菜、姜汁鸭掌等。

任务十

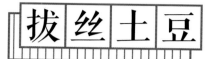 

拔丝土豆 渝川

菜肴简介

拔丝，又叫拉丝，是制作甜菜的烹调技法之一。拔丝菜用料广泛，制作精细，成菜很有特点：在晶莹剔透的糖衣包裹下闪闪发亮，宛如金珠缠丝，诱人食欲，也让吃这道菜变得别有一番乐趣。

课程任务

（一）任务目标

1. 熟悉拔丝土豆的制作步骤。

2. 掌握拔丝土豆的制作要领。

3. 掌握拔丝土豆的成菜特点。

（二）任务重点

1. 掌握炒糖的变化过程，拔丝菜糖化的时间适宜。

2. 土豆炸制的油温控制。

（三）任务难点

糖化的程度把控。

三 任务实施

✕（一）原料构成与准备（图4-10-1）

> 🍖 主料：土豆300g。
>
> 🧂 调料：白糖150g，淀粉100g，熟白
>   芝麻2g，色拉油适量。

图 4-10-1

✕（二）烹调加工成菜步骤

（1）原料处理加工阶段（图4-10-2）

土豆去皮洗净，改滚刀块，清水清洗表面淀粉滤水备用。

图 4-10-2

（2）菜肴烹调过程

（1）锅置火上，下油升温至6成，土豆加入干淀粉拌匀，下锅炸至表面金黄熟透起锅控油备用。

（2）炙锅下油，加入白糖炒制融化呈枣红色，加入炸好的土豆翻炒均匀装入盘底抹油的盘中，用筷子夹起拉丝，撒上熟芝麻成菜。（图4-10-3）

图 4-10-3

③ 成菜特点

色泽金黄、外脆内酥、香甜可口。

四 成菜技术要点

1. 土豆要充分漂洗，避免炸黑。
2. 白糖炒制时控制油温和糖色变化。

五 知识拓展

拔丝糖浆的炒制方法

水拔法。净锅置中火上，注入清水，再下入适量白糖然后用手勺不停地翻炒。先白糖溶化，与水成为一体，继而起大泡，当大泡消失后则起小泡，当糖浆颜色由白变成浅黄时，即可下主料翻炒成菜。

油炒法。净锅置小火上，先用油将锅炙一遍，再放入少许油，下白糖用手勺不停地翻炒，锅中白糖先是炒成翻砂状，随后白糖慢慢溶化成浆状且色呈金黄时，即可下主料翻炒成菜。

任务十一

跳水泡菜

菜肴简介

跳水泡菜是川菜中一道经典传统素菜，以其快速泡制和独特的口感而受到人们的喜爱。跳水泡菜得名是因为其泡制时间相对较短，通常泡制几小时到半天即可食用，这一特点形象地被命名为"跳水"。

课程任务

（一）任务目标

1. 熟悉跳水泡菜的制作步骤。

2. 掌握跳水泡菜的制作要领。

3. 掌握跳水泡菜的成菜特点。

（二）任务重点

1. 跳水泡菜的口味调制。

2. 泡制时间的把控。

（三）任务难点

跳水泡菜的口味调制。

三 任务实施

✕（一）原料构成与准备（图4-11-1）

🥩 **主料**：红萝卜300g，圆白菜200g。

🥦 **辅料**：洋葱50g，西芹50g，胡萝卜50g，仔姜50g，小葱10g，红小米椒15g。

🧂 **调料**：野山椒300g，花椒3g，盐30g，鸡精5g，味精5g，白醋30g，白糖10g，香叶、八角少许。

图 4-11-1

✕（二）烹调加工成菜步骤

1 原料处理加工阶段（图4-11-2）

（1）红萝卜洗净切条，圆白菜洗净撕成块备用。

（2）洋葱剥掉外皮切成粗丝，西芹去筋、去老叶洗净切条，胡萝卜去皮洗净切条，仔姜洗净切片，小葱洗净葱白切段，红小米椒去梗洗净对半切备用。

图 4-11-2

2 菜肴烹调过程

（1）红萝卜、胡萝卜加入盐拌匀腌制10分钟，控去多余水分装入坛中。

（2）在坛中加入圆白菜、洋葱、西芹、红小米椒、小葱、仔姜、野山椒及汁水，加入适量盐、味精、鸡精、白糖、白醋、花椒、香叶、八角，搅拌均匀，盖上盖子放入冰箱冷藏6小时以上即可食用。

（3）捞出泡菜，淋上少许红油即可成菜。（图4-11-3）

图 4-11-3

③ 成菜特点

清脆爽口、酸辣开胃、色彩丰富。

四 成菜技术要点

1. 泡菜味道调制要恰当，不易过咸、过甜或过酸。

2. 严格控制腌制时间，时间过长会导致食材变软影响口感。

五 知识拓展

四川泡菜

　　四川泡菜，又叫泡酸菜，是四川传统特色菜肴。其味道咸酸、口感脆生、色泽鲜亮、香味扑鼻，具有开胃提神、醒酒去腻的特点，老少皆宜。四川泡菜以其独特的制作工艺和风味，成为了川菜中不可或缺的一部分，按用途可分为调料菜和下饭菜，如泡椒、泡姜、泡蒜等可作为烹饪时的调料，而萝卜、芹菜、白菜等则多作为下饭菜。此外，按泡制时间的长短，四川泡菜又可分为滚水菜和深水菜。滚水菜是短时间泡制的，如萝卜皮、莴苣等，而深水菜则是长时间泡制的，如仔姜、蒜、辣椒等。

任务十二

红油钵钵鸡

菜肴简介

　　红油钵钵鸡是四川乐山地区的一种传统名小吃。钵钵鸡以陶器钵盛放，配以麻辣为主的佐料，加上多种调料拌和而成，具有皮脆肉嫩、麻辣鲜香、甜咸适中的特色。乐山钵钵鸡的制作工艺和口味随着时间的推移不断发展和创新。最初主要由鸡肉制成，现在已发展到包括多种荤、素菜品，如鸭肠、菌肝、鸡翅、鸡爪、海带、西兰花、平菇等。钵钵鸡的口味也十分丰富，包括传统红油味、藤椒口味、白味等。

课程任务

（一）任务目标

1. 熟悉钵钵鸡的制作步骤。

2. 掌握钵钵鸡红油的制作要领。

3. 掌握钵钵鸡的成菜特点。

（二）任务重点

1. 鸡汤的制作。

2. 红油的制作。

（三）任务难点

钵钵鸡调味料制作。

三 任务实施

✂（一）原料构成与准备（图4-12-1）

🍖 **主料**：三黄鸡1500g。

🥦 **辅料**：鸡胗50g，鸡心50g，鸡肠20g，鸡爪50g，毛肚50g，牛肉50g，莲藕50g，豆干50g，土豆50g，西兰花50g，木耳30g，海带50g。

🧂 **调料**：洋葱100g，小葱100g，老姜100g，芫荽30g，香叶5g，八角5g，砂仁3g，草果5g，桂皮5g，茴香籽5g，干花椒5g，辣椒面500g，五香粉3g，白芝麻30g，菜籽油1000g，盐25g，味精5g，鸡精5g，酱油15g，藤椒油5g，耗油3g，白糖3g、花椒面2g，花生酱5g，芝麻酱5g，料酒适量。

图4-12-1

✂（二）烹调加工成菜步骤

1 原料处理加工阶段（图4-12-2）

（1）三黄鸡洗净待用。

（2）辅料切片或切块待用。

（3）小葱去根、去老叶洗净，部分切葱花，老姜去皮，大蒜去皮，洋葱去外皮，芫荽洗净待用。

图4-12-2

② 菜肴烹调过程

（1）三黄鸡冷水下锅，加入盐、香料、小葱、老姜、料酒，开中火烧沸，打去浮沫煮 **20** 分钟，关火焖 **10** 分钟。

（2）取出鸡肉放入冰水中冷却，待冷却后进行分档取料串起来待用。

（3）鸡骨架放入汤中继续熬煮 **1** 小时左右，打去鸡油冷却待用。

（4）锅中加入菜籽油升温至 **6** 成加入洋葱、小葱、老姜炸香，控去料渣，**7** 成油温恒温待用。

（5）取一盆，加入干辣椒面和香料，倒入热的菜籽油炸香出色，放置 **24** 小时后控出红油待用。

（6）辅料分开焯水熟透晾凉串起待用。

（7）取一容器，加入姜蒜汁、调料、鸡汤、红油兑成汁水，放入菜串浸泡，撒上葱花即可成菜。（图 4-12-3）

图 4-12-3

③ 成菜特点

用料丰富、麻辣鲜香、清爽开胃。

四 成菜技术要点

1. 红油的制作要控制好油温并静置 **24** 小时以上。
2. 鸡汤要去除鸡油，保持汤汁清亮不浑浊。

五 知识拓展

冷串串

冷串串是四川、重庆等地的一种特色小吃，是串串香的一种特殊形式。与热串串不同，冷串串的菜品是在特制的汤料中煮熟后晾凉，再浸泡在调料中入味，供食客直接食用。冷串串的食材选择十分丰富，包括各种蔬菜、豆制品、肉类和海鲜等，每一种食材都经过精心挑选和处理，保证新鲜和口感。在烹饪过程中，食材会被穿在竹签上，然后放入特制的汤料中煮熟。这种汤料通常由多种香料和草药调制而成，味道浓郁且富有层次。

冷串串的调料也是其独特风味的关键所在。通常，调料包括辣椒油、花椒粉、芝麻酱、蒜泥等，这些调料不仅为冷串串增添了香辣的味道，还使得每一口都充满了层次感。

任务十三

开水白菜

菜肴简介

　　开水白菜，四川十大名菜之一。相传，开水白菜是由颇受慈禧赏识的川菜名厨黄敬临在清宫御膳房创制的。黄敬临当厨时，为了消除人们对于川菜只有麻辣的印象，创作了这一道菜品，后来，此菜成为国宴上的一道菜品。开水白菜成菜特点：清鲜淡雅、香味浓醇、汤味浓厚、清香爽口、不油不腻。

课程任务

（一）任务目标

1. 熟悉开水白菜的制作步骤。

2. 掌握开水白菜的制作要领。

3. 掌握开水白菜的成菜特点。

（二）任务重点

1. 高级清汤的制作。

2. 蒸制时间的把控。

（三）任务难点

高级清汤的制作。

三 任务实施

※（一）原料构成与准备（图 4-13-1）

🥩 主料：娃娃菜300g。

🥦 辅料：三黄鸡1只，火腿500g，老鸭半
　　　　只，猪筒子骨1段，鸡脯肉150g，
　　　　猪瘦肉200g。

🧂 调料：姜20g，葱15g，盐2g。

图 4-13-1

※（二）烹调加工成菜步骤

①原料处理加工阶段

（1）娃娃菜去老叶留菜心改刀成4块备用。

（2）鸡、鸭子、筒子骨焯水冲凉备用。

（3）鸡脯肉剁茸加水制成鸡浆，猪肉末剁茸加水制成猪肉茸备用。

②菜肴烹调过程

（1）吊汤：锅中加入焯好的原料和火腿，加葱、姜、料酒小火慢烧3个小时，期间打去浮沫，待汤汁熬好后过滤重新下锅，加猪肉浆和鸡肉浆吊成高级清汤待用。（图 4-13-2）

图 4-13-2

（2）锅置火上，下清水烧沸后白菜下锅焯水断生捞出修剪整齐放入碗中，倒入漫过白菜的清汤上蒸笼蒸熟重新取碗摆到碗中待用。

（3）锅置火上，倒入清汤，加入适量盐调味，小火烧开倒入碗中成菜。（图4-13-3）

图 4-13-3

3 成菜特点

汤醇素雅、清澈明亮、色泽嫩黄、柔嫩化渣。

四 成菜技术要点

1. 高汤熬制时间充足，香味浓郁。

2. 高级清汤调制。

3. 蒸制时间不宜过久。

五 知识拓展

开水白菜的汤

开水白菜中的汤，其实是至清的鸡汤。此汤要用老母鸡、老母鸭、火腿蹄肉、排骨、干贝等食材分别去杂入沸锅，加入料酒、葱、蒜等调味品调制至少4小时，再将鸡胸脯肉剁烂至茸，灌以鲜汤搅成浆状，倒入锅中吸附杂质。反复吸附两三次之后，锅中原本略浊的鸡汤呈开水般透彻清冽之状，其特点是香味浓醇敦厚、不油不腻、沁人心脾。

任务十四

干煸四季豆

菜肴简介

干煸四季豆，四川传统家常菜。干煸四季豆制作简单、容易上手、营养价值丰富，是一道色香味俱全的家常菜。干煸四季豆成菜特点：麻辣干香、回味无穷。

课程任务

（一）任务目标

1. 熟悉干煸四季豆的制作步骤。

2. 掌握干煸四季豆的制作要领。

3. 掌握干煸四季豆的成菜特点。

（二）任务重点

1. 煸炒工艺。

2. 咸鲜味调味。

（三）任务难点

煸炒工艺。

三 任务实施

✖（一）原料构成与准备（图 4-14-1）

🥩 主料：四季豆300g。

🥦 辅料：前夹肉100g，碎米芽菜10g、小
　　　　葱5g。

🧂 调料：姜、蒜、干辣椒、盐、料酒、
　　　　味精、色拉油适量。

图 4-14-1

✖（二）烹调加工成菜步骤

1 原料处理加工阶段（图4-14-2）

（1）四季豆剔除老筋洗净掰段备用。

（2）芽菜淘洗干净挤干水分，小葱洗净
切葱花，姜、蒜切姜、蒜末备用。

（3）前夹肉去皮洗净剁成肉末备用。

图 4-14-2

2 菜肴烹调过程

（1）锅置火上，加油烧至7成以上，倒入四季豆炸至紧皮断生后捞起控油待用。

（2）锅中另下油，将肉末炒酥香，同时加入少量的盐、料酒，待肉末炒酥香时
起锅控油待用。

（3）锅中下干辣椒炸香，下姜、蒜末炒香，加芽菜炒出味，加入四季豆翻炒，
加味精翻炒均匀加入葱花起锅装盘成菜。（图 **4-14-3**）

图 4-14-3

③ 成菜特点

质地酥软、咸鲜清香、色泽果绿。

四 成菜技术要点

1. 掌握好炸四季豆的油温且一定要炸熟。

2. 由于四季豆不容易进油和盐，要掌握好盐的用量。

3. 肉末和芽菜一定要炒香。

五 知识拓展

四季豆的食用安全

四季豆未煮熟，豆中的皂素会强烈刺激消化道，而且豆中含有凝血素，具有凝血作用。此外，四季豆中还含有亚硝酸盐和胰蛋白酶，会刺激人体的肠胃，使人食物中毒，出现胃肠炎症状。所以烹饪四季豆时应注意：烹调前应将豆筋摘除，否则既影响口感，又不易消化；烹煮时间宜长不宜短，要保证四季豆熟透。

任务十五
萝卜连锅汤

菜肴简介

　　萝卜连锅汤，四川传统汤菜，最宜热吃。汤汁颜色乳白、回味鲜美，猪肉肥瘦相间、肥而不腻、瘦而不柴，麻辣鲜香，乡土味十足。冬季佐食常盛入火锅上席，以保持菜热汤鲜，故名"连锅"。萝卜连锅汤成菜特点：味道香甜、营养丰富。

课程任务

✖（一）任务目标

1. 熟悉萝卜连锅汤的制作步骤。

2. 掌握萝卜连锅汤的制作要领。

3. 掌握萝卜连锅汤的成菜特点。

✖（二）任务重点

1. 原料的刀工成型。

2. 煮制时间把控恰当。

✖（三）任务难点

煮制时间把控恰当。

三 任务实施

✕（一）原料构成与准备（图4-15-1）

🍖 主料：白萝卜200g。

🥦 辅料：三线肉100g。

🧂 调料：姜10g，葱15g，盐、味精、
料酒、色拉油适量。

图4-15-1

✕（二）烹调加工成菜步骤

1 原料处理加工阶段（图4-15-2）

（1）白萝卜去皮洗净切厚0.5 cm左右的
块备用。

（2）姜去皮洗净切片，葱去根、去老叶
洗净切段备用。

（3）三线肉燎皮洗净切0.2 cm厚的片
备用。

图4-15-2

2 菜肴烹调过程

（1）炙锅下油控油，下三线肉爆香出油，烹入少量料酒，加入适量清水，放入葱、
姜和萝卜烧沸后打去浮沫转中小火慢煮至熟，捡去葱、姜，加入盐、味精调味，起锅
装碗，撒上葱花成菜。（图4-15-3）

图4-15-3

3 成菜特点

汤色白净、咸鲜味美。

四 成菜技术要点

1. 肉片和萝卜片厚薄均匀。
2. 成菜软熟而形整不烂。
3. 根据口味可以配蘸碟上桌。

五 知识拓展

萝卜的最佳食用季节

冬吃萝卜夏吃姜，在秋冬季节，正是吃萝卜的季节。第一是因为在秋冬季节，市面上的萝卜都比较新鲜。第二是因为萝卜的营养比较丰富，是冬季滋补的食材。

参考文献

[1] 胡廉泉, 李朝亮, 罗成章. 细说川菜 [M]. 成都: 四川科学技术出版社, 2020.

[2] 《大师的菜》栏目组. 大师的菜: 地道川菜 [M]. 北京: 中国轻工业出版社, 2023.

[3] 李朝亮. 细做川菜 [M]. 成都: 四川科学技术出版社, 2020.

[4] 杜莉, 陈祖明. 味之道——川菜味型与调味料研究 [M]. 成都: 四川科学技术出版社, 2022.

[5] 袁庭栋. 川菜研究 [M]. 成都: 四川文艺出版社, 2021.